Hiroaki KOIDÉ

Penser le nucléaire

Autopsie d'une illusion

Essai traduit du japonais par Myriam DARTOIS-AKO

Postfaces

Jean-Jacques DELFOUR

René de CECCATTY

Golden Nihon Collection / AnimaViva multilingüe

AnimaViva Multilingüe

Golden Nihon Collection

dirigée par Jacques KERIGUY

déjà paru dans la collection :

IKKYÛ. L'impertinence au service de la foi
Sôshô YAMADA, 2012
ISBN 978-99920-1-966-5 ; ISSN 2305-8455

L'étrange voyage de Confucius au Japon
Olivier ANSART, 2015
ISBN 978-99920-68-07-6 ; ISSN 2305-8455

Titre original japonais
Genpatsu Zero by Hiroaki KOIDÉ

ISBN 978-4-7790-6093-9 C0295

AnimaViva multilingüe S.L.U.
AD700 Escaldes-Engordany, Principat d'Andorra
www.animaviva-publisher.com

Traduction : Myriam DARTOIS-AKO
Couverture et mise en page : Alberto JORGE
Imprimerie : Bod GmbH, Norderstedt, Allemagne

ISBN : 978-99920-68-06-9; Dépôt légal : AND.116-2015
ISSN : 2305-8455

Epub : ISBN 978-99920-68-16-8 ; Dépôt légal : AND.278-2015
mobiKindle : ISBN 978-99920-68-17-5 ; Dépôt légal : AND.279-2015

« A tous ceux qui souffrent à cause de l'énergie nucléaire »

Table des matières

Le chemin sans fin du démantèlement

Questions/réponses sur les moyens de se protéger de la radioactivité

Le nucléaire malgré tout ?

Pour éviter de réitérer les mêmes erreurs

Postfaces

Golden Nihon Collection
dirigée par Jacques Keriguy

Who can do justice to Japan without sympathy ;
and how many writers on Japan have a grain of it ?...
But what a horribly difficult thing is to write about Japan !
The effort in itself dries me up.

Lafcadio Hearn, Letter to W. B. Mason,
1st of November 1892.

Cette collection se propose de jeter un regard sur l'ancrage spirituel, social, littéraire, artistique et culturel du Japon ; chaque volume la composant est consacré à un personnage qui, par ses actions, éclatantes ou furtives, par ses mots, exaltés ou secrets, par l'élan qu'il a impulsé, frénétique ou fragile, a introduit une rupture dans les pratiques intellectuelles ou sensibles de ses contemporains et a contribué à modeler l'imaginaire nippon. Ces éclats d'érudition ont pour objectif de bâtir une trame sur laquelle, depuis ses lointaines origines, se noue la mémoire d'un pays qu'un amas de clichés dérobe à la vue de l'étranger.

Appartenant à différentes écoles de recherche ou d'enseignement, les auteurs, japonais ou occidentaux, ont en commun la complicité qu'ils entretiennent avec le sujet de leur étude : non contents de l'insérer dans l'époque où il s'est épanoui, ils cernent les traces de sa mémoire auprès des générations qui se sont succédé jusqu'à nos jours. C'est, me semble-t-il, une façon de mettre en relation les modes de pensée de l'Orient Extrême et de l'Occident, que l'on considère trop souvent encore comme opposés, sinon inconciliables.

Une collection qui se fixe pour objectif de proposer à ses lecteurs des reflets de la civilisation et de la culture japonaises ne peut rester insensible au drame qui, le 11 mars 2011, a touché si douloureusement le pays. Quelle analyse ajouter à celles que les médias ont déversées, par quels mots prolonger les cris de souffrance des victimes, les dénégations des responsables ? Comment approcher la vérité quand tant d'intérêts divergent, quand tant de mensonges érigés en certitudes brouillent les esprits ?

L'ouvrage de Hiroaki Koidé s'est immédiatement imposé : il est conçu pour un public japonais, mais s'adresse à tous ceux qui, quelle que soit leur nationalité et leur langue, recherchent des témoignages et des arguments incontestables pour se faire un avis ou conforter leur opinion sur les risques entraînés par la production d'énergie nucléaire à des fins civiles ou militaires. La compétence du spécialiste, la précision et la légitimité de l'observateur, sa forte implication dans les conséquences sur la population et sur l'environnement qu'a entraînées la catastrophe justifiaient ce choix.

Hiroaki Koidé est un scientifique reconnu ; c'est aussi un homme dont les fortes convictions transparaissent dans chacun de ses propos : *Penser le nucléaire* est en conséquence un plaidoyer passionné. À la voix du savant nous avons souhaité joindre celles d'un philosophe, Jean-Jacques Delfour et d'un romancier et essayiste, René de Ceccatty. Tous deux ont vigoureusement exprimé dans plusieurs publications leur position au lendemain de Fukushima. Il a semblé évident et nécessaire de leur offrir l'occasion de poursuivre leurs réflexions à la lumière des arguments contenus dans le présent ouvrage.

Ainsi se trouve engagé le dialogue entre citoyens responsables de tous pays que H. Koidé appelle de ses vœux.

Jacques Keriguy

Directeur de la Golden Nihon Collection

Au lecteur

Celui qui ferme les yeux au passé
finirait par devenir aveugle au présent.
(Extrait du discours prononcé le 8 mai 1985 par
Richard von Weizsäcker, président d'Allemagne de l'Ouest.)

Cher lecteur, merci d'avoir choisi cet ouvrage.

L'humanité a traversé de longues périodes de conflits ; aujourd'hui encore, un peu partout sur le globe, la guerre sévit. L'Europe et le Japon aussi, il y a environ 70 ans de cela, étaient pris dans la seconde guerre mondiale. En 1945, le Japon a subi un double bombardement atomique, à Hiroshima et Nagasaki. Une seule bombe a été larguée sur chacune de ces villes, mais lorsqu'elle a explosé, Hiroshima comme Nagasaki ont été instantanément détruites. Dans chacune de ces villes, près de 100 000 personnes, adultes et enfants, ont péri en un instant. Ceux qui ont eu le bonheur – ou le malheur – de survivre ont endossé le lourd fardeau des victimes de la bombe, les *hibakusha* : ils ont souffert dans leur chair, ils ont subi la discrimination sociale et leur vie a été un calvaire.

Confrontés à ces dégâts et à cette tragédie incommensurables, de nombreux Japonais ont été profondément marqués par l'horreur de la bombe atomique. Mais dans le même temps, cette terrible puissance a suscité un espoir, celui de la mettre au service de la paix dans le monde. Après l'accident à la centrale nucléaire de Fukushima Daiichi, sur lequel porte cet ouvrage, de nombreux journalistes sont venus à ma rencontre. Des journalistes japonais, bien entendu, mais aussi d'autres, venus d'Europe notamment. Ces journalistes étrangers me posaient un certain nombre de questions qui se rejoignaient. L'une d'entre elles était de savoir pourquoi le Japon, bien que victime de la bombe atomique, s'était engagé dans la production d'énergie nucléaire. Voici la réponse que je leur ai offerte : ce n'est pas malgré les bombardements, mais précisément à cause d'eux, que le Japon a placé ses espoirs dans l'énergie nucléaire. Ce que j'ai fait aussi, à vrai dire. L'effroyable bombe atomique devait absolument être éliminée, mais il m'apparaissait que juguler sa puissance au service de la paix mondiale relevait de la responsabilité du Japon, qui en avait été victime. Ainsi, à mon entrée à l'université en 1968, me suis-je engagé dans la voie du nucléaire, choisissant exprès le département d'ingénierie atomique. À l'époque, on voyait dans le nucléaire une source d'énergie d'avenir après l'épuisement des combustibles fossiles, qui permettrait de produire une électricité si bon marché qu'il serait difficile d'en fixer le prix, et les centrales nucléaires, véritables concentrés de technologies, ne connaîtraient jamais d'accident, disait-on.

Cependant, au fil de mes études universitaires, j'ai réalisé mon erreur. L'uranium présent dans les sols ne l'était qu'en faible quantité, et l'énergie qu'on pouvait en tirer bien moindre que celle des combustibles fossiles. L'électricité nucléaire n'était pas bon marché, même dans des conditions d'exploitation normales, et infiniment coûteuse compte tenu d'un éventuel accident et du traitement des déchets. Enfin, une centrale nucléaire est une machine, et aucune machine n'est à l'abri d'un accident. Les hommes qui les font fonctionner ne sont pas des dieux, ils commettent des erreurs. Dans ces conditions, un accident majeur risquait de se produire. Plus que tout, l'État et les compagnies d'électricité qui promouvaient le nucléaire, conscients des risques immenses inhérents aux centrales atomiques, les faisaient construire non pas dans les villes, mais dans des zones rurales en voie de désertification. Après avoir compris tout cela à l'automne 1970, j'en suis venu à souhaiter, dans un revirement total, l'arrêt de la totalité des centrales nucléaires avant que ne survienne un terrible accident. À l'époque, il n'y avait que trois réacteurs atomiques au Japon. Mais l'État, les industriels, les scientifiques et les médias, unis dans la vaste organisation qu'est le « village nucléaire », ont massivement promu le nucléaire, construisant cinquante-huit réacteurs atomiques dans le pays du monde le plus exposé aux risques sismiques.

Hélas, le 11 mars 2011, l'accident que je redoutais a fini par se produire. Ce qui en a découlé est consigné dans les pages de cet ouvrage. Aujourd'hui encore, quatre ans plus tard, les lieux de l'accident sont toujours inaccessibles et la situation n'est absolument pas sous contrôle. Dans le même temps, de nombreux travailleurs accumulent les doses de radiations et l'eau contaminée continue à s'écouler dans l'océan. Hors de l'enceinte de la centrale, plus de cent mille personnes chassées de leurs villages, leur vie brisée, sont toujours à la dérive. Sans centrale nucléaire, un tel accident n'aurait jamais eu lieu. Malgré tout, pas un seul des membres du village nucléaire n'a pris ses responsabilités, ni n'a été puni. Sortis indemnes de cette catastrophe, ils veulent faire redémarrer les centrales nucléaires du Japon actuellement toutes à l'arrêt, en construire de nouvelles et même en vendre à l'étranger. Comment cela est-il possible ? Avec cet accident, ils ont découvert que leurs échecs, comme les préjudices causés, les pires soient-ils, ne seraient pas sanctionnés. Le village nucléaire est une vaste et puissante organisation. Les crimes commis par les puissants ne peuvent être sanctionnés que par un pouvoir supérieur, ainsi que l'ont montré les guerres.

Si, à l'avenir, un autre accident catastrophique survenait, d'énormes quantités de substances radioactives seraient de nouveau rejetées dans l'environnement. Même en l'absence d'une telle catastrophe, les substances radioactives déjà existantes ne disparaîtront pas. Au Japon, le premier réacteur nucléaire est entré en service en 1966 ; les produits de fission fabriqués jusqu'à présent atteignent l'équivalent de 1,3 million de fois la bombe atomique larguée sur Hiroshima. Le tout premier réacteur nucléaire de l'histoire, destiné à produire le plutonium nécessaire à la bombe atomique, a été lancé aux États-Unis en 1942. Dès lors, des recherches ont été engagées afin de neutraliser les substances radioactives produites : la science saurait un jour éliminer la radioactivité, espérait-on. Cependant, soixante-douze ans plus tard, cette entreprise n'est toujours pas couronnée de succès. Alors, si la radioactivité ne peut être éliminée, la seule solution est de l'isoler de l'environnement du vivant. Combien de temps la confiner ? Longtemps, c'est-à-dire cent mille ans, voire un million d'années. L'énergie nucléaire tirée de l'uranium n'est exploitable que quelques dizaines d'années, une centaine au plus. Cependant, les produits de fission qui en découlent nécessitent d'être confinés pour une durée telle que l'on ignore si l'humanité existera encore. Fabriquer, contre un peu d'énergie à court terme, un poison impossible à éliminer est un choix aberrant, de courte vue, auquel nous n'aurions pas dû nous livrer.

De plus, si le Japon s'est engagé dans la voie du nucléaire, ce n'est pas pour l'énergie. En réalité, tout en professant l'usage pacifique de l'atome, l'enjeu était la capacité à détenir l'arme atomique. Les nécessités militaires font fi de l'économie comme de la sécurité. Hélas, le développement nucléaire du Japon paraît difficile à stopper. Cependant, parmi les 58 réacteurs atomiques de l'Archipel, 14 sont déjà à l'arrêt définitif. Quoi qu'il arrive, sans doute l'énergie nucléaire japonaise ne retrouvera-t-elle jamais son niveau passé. En Europe de l'ouest aussi, où l'on comptait 157 réacteurs en 1990, il n'en reste plus que 117. La marche de l'histoire est résolument tournée vers l'abandon du nucléaire. Sans perdre de vue cette évolution ni désespérer, nous devons atteindre la sagesse qui nous permettra de renoncer au nucléaire dans les plus brefs délais.

Hiroaki Koidé
Laboratoire de recherche sur les réacteurs nucléaires, université de Kyoto
Janvier 2015

En guise de préface

Dans les années 1960, lorsque j'étais collégien puis lycéen, on disait que les combustibles fossiles comme le pétrole et le charbon allaient disparaître et qu'on entrait désormais dans l'ère du nucléaire. On disait aussi que si l'on parvenait à maîtriser l'énergie nucléaire pour produire de l'électricité, celle-ci serait tellement bon marché qu'on peinerait à lui fixer un prix. Convaincu par ces arguments qui me faisaient rêver, j'ai choisi d'intégrer le département d'ingénierie atomique de la faculté d'ingénierie de l'université Tôhoku. Et puis, au fil de ces études spécialisées, j'ai compris que ce n'était pas du tout le cas. L'uranium qui sert de combustible aux centrales nucléaires est, comparé aux autres matières premières, une ressource extrêmement pauvre ; quant au coût de l'électricité produite grâce à l'énergie nucléaire, il suffit de le calculer à partir des données institutionnelles pour constater qu'il est plus élevé que celui de l'énergie hydraulique ou fossile.

Ensuite, ce qui m'a paru le plus bizarre lorsque j'étais étudiant, c'est l'annonce que la Compagnie d'électricité du Tôhoku allait construire la centrale nucléaire d'Onagawa sur la péninsule d'Oshika (préfecture de Miyagi). L'énergie nucléaire est sûre et non polluante. Donc, on pourrait installer des centrales dans le sous-sol des immeubles des grandes villes, disait-on ; alors, pourquoi ne pas la construire à Sendai, la ville qui consommerait le plus d'électricité ? J'ai trouvé cela étrange. J'ai cherché à savoir pourquoi. La réponse que j'ai fini par trouver, aujourd'hui d'une évidence banale, est que les centrales nucléaires sont des installations extrêmement dangereuses, construites exprès dans des zones rurales dépeuplées parce qu'il est parfaitement impossible de les édifier en ville. Dans ce cas, l'énergie nucléaire était tout simplement inacceptable. Dès lors, j'ai inlassablement mis en garde contre ses dangers et poursuivi mes recherches afin d'éliminer le nucléaire.

« Le nucléaire est bon marché », « le nucléaire est sûr », « il n'y aura jamais d'accident nucléaire » : à vous aussi, on l'a répété, et vous y avez sans doute cru. Mais ce n'est hélas pas vrai, comme l'a prouvé l'accident survenu à la centrale nucléaire de Fukushima Daiichi. Nous avons également pu constater la totale absence de fondement à l'affirmation que « sans les centrales nucléaires, l'électricité manquerait ».

En décembre 2011, Yoshihiko Noda, alors premier ministre, a annoncé que l'accident de Fukushima était maîtrisé, mais aujourd'hui encore, la situation n'est en aucun cas sous contrôle. Près de quatre années après l'accident, environ 150 000 sinistrés, dépossédés de leur village natal, sont condamnés à l'errance. Dans l'enceinte de la centrale nucléaire de Fukushima Daiichi, chaque jour quelque 3 000 travailleurs tentent de maîtriser la situation, exposés aux radiations. Les rejets d'eau contaminée dans l'océan ne sont toujours pas endigués. L'une après l'autre, des situations préoccupantes se font jour, et aujourd'hui encore quantité de substances radioactives s'échappent de la centrale. De nombreuses personnes sont condamnées à être lourdement irradiées pour espérer maîtriser la situation, voilà où nous en sommes.

Dans ce contexte, le premier ministre Shinzô Abe, dirigeant du gouvernement actuel formé par le Parti libéral-démocrate (PLD)[1] au pouvoir, a impudemment travesti la réalité le 7 septembre 2013 lorsqu'il a déclaré, au cours de l'ultime présentation du dossier de candidature de Tokyo aux Jeux olympiques, que l'eau contaminée était « complètement bloquée ». Il a aussi affirmé que « l'accident à Fukushima était sous contrôle ». Et son objectif désormais, c'est le redémarrage de toutes les centrales nucléaires du Japon, et l'exportation du nucléaire japonais à l'étranger.

---

[1] Le Parti libéral-démocrate gouverne le Japon depuis sa création en 1955, avec deux courtes interruptions en 1993 et 1994 et entre 2009 et 2012. Il se situe au centre-droit. La politique de son actuel président, Shinzô Abe, est marquée par ses préoccupations ouvertement nationalistes.

Les hommes politiques ne sont pas les seuls à souhaiter un nouvel élan pour le nucléaire. Les hauts fonctionnaires du ministère de l'Économie et de l'Industrie aussi. Alors qu'un accident si grave s'est produit, sans se remettre en question le moins du monde, ils ont décidé mi-décembre 2013 de renforcer encore la position du nucléaire dans le Plan fondamental pour l'énergie. Et aussi – cette information récemment dévoilée m'a écœuré –, le fait est qu'immédiatement après l'accident de Fukushima, un document réaffirmant la stratégie de promotion du nucléaire a circulé au sein du ministère.

Par ailleurs, la Compagnie d'électricité de Tokyo (Tepco), directement responsable de l'accident, en sort elle aussi indemne : tout en bénéficiant de la mansuétude de l'État pour cause de difficultés de gestion, à l'année fiscale 2013, elle affichait des profits à la mi-exercice. On a également découvert que les généreux dons consentis aux installations nucléaires, auxquels elle avait promis de mettre un terme, sont toujours d'actualité. Et puis, à force de menacer de ne strictement rien rembourser des frais de décontamination engagés par l'État, Tepco est parvenue à obtenir que l'État en assume désormais la totalité. Alors, dans la foulée, elle en a profité pour mettre sur le tapis le redémarrage de la centrale nucléaire de Kashiwazaki-Kariwa.

Tous ces gens qui agissent toute honte bue, je me refuse à leur pardonner aussi facilement. Tout en appelant de mes vœux la maîtrise rapide de l'accident à Fukushima, je souhaite d'abord prendre mes responsabilités pour avoir échoué à arrêter le nucléaire. Dans le même temps, tous ceux qui en connaissaient les dangers mais les ont cachés à la population et ont continué à promouvoir le nucléaire, finissant par provoquer l'accident de la centrale de Fukushima Daiichi, ceux-là devront, je l'espère, assumer leurs responsabilités et le poids de leur faute devant la société et devant la justice.

Que se passe-t-il actuellement dans la centrale nucléaire de Fukushima Daiichi ?

L'eau contaminée, ni stoppée ni sous contrôle

Les réservoirs rudimentaires, un mal nécessaire

Dans la centrale nucléaire de Fukushima Daiichi, l'eau contaminée continue de s'écouler. Après la découverte, début avril 2013, de fuites d'eau fortement contaminée jaillissant de réservoirs souterrains, la Compagnie d'électricité de Tokyo (Tepco), renonçant à les utiliser, a encore augmenté le nombre de réservoirs en surface pour y stocker toujours plus d'eau contaminée. Mais peu après la mi-août, l'eau contaminée a commencé à fuir de ces réservoirs extérieurs aussi. Il y a eu des erreurs humaines, notamment des tentatives de remplissage à ras bord d'une cuve de guingois qui finit par déborder, mais les fuites, elles, tiennent à la structure des réservoirs. Certains ont été correctement soudés, mais beaucoup ont été installés dans l'urgence, les plaques métalliques simplement reliées par des joints puis maintenues par des boulons. Rien de surprenant à ce qu'il y ait des fuites.

Lorsqu'on pense à la situation sur le terrain, cela me paraît inévitable. Parce que dans l'enceinte de la centrale nucléaire de Fukushima Daiichi, aujourd'hui encore les taux de radiation sont extrêmement élevés. Par exemple, il suffit d'effectuer une ronde de surveillance des réservoirs pour être irradié. En un mot, chaque intervention est un facteur d'irradiation. Or, se borner à assembler des plaques métalliques avec des boulons prend relativement peu de temps, mais les souder correctement en demanderait énormément, ce qui entraînerait une hausse rapide des niveaux d'exposition. Voilà pourquoi, à mon avis, on a construit des réservoirs rudimentaires.

Travailler dans un environnement fortement radioactif

Que signifie travailler dans un environnement fortement radioactif ? Cette réalité est difficilement concevable pour le grand public. Je vais donc vous présenter ici un extrait du journal de Norio Hirai, technicien spécialiste du nucléaire, qui a longtemps été contremaître sur le terrain. M. Hirai s'est également fortement impliqué dans le procès de la centrale nucléaire d'Onagawa, entre autres, mais il est hélas prématurément décédé en janvier 1997, à l'âge de 58 ans. C'est une hémorragie cérébrale qui l'a emporté, mais il luttait depuis longtemps contre un cancer du foie.

> *Par exemple, admettons qu'il faille visser des boulons : j'explique qu'il faut procéder par diagonales, sans quoi il y aura des fuites, mais puisque nous opérons dans une zone de radioprotection contrôlée, il y a plein de rayonnements ionisants, c'est un endroit terrible. Lorsqu'on pénètre sur le chantier, on porte un dosimètre, et comme le niveau de radiation diffère en fonction des endroits, le temps de travail autorisé aussi. Cela se compte en minutes.*
>
> *Mais sur le terrain, on n'a pas de montre. Si on en prend une, elle est contaminée, alors on fonctionne à vue de nez. C'est comme ça que ça marche.*
>
> *Dans ces conditions, pendant que vous serrez les boulons, vous vous dites ça fait dix minutes, quinze minutes, vous ne pensez qu'à cela. Parce que*

vous craignez que le dosimètre se mette à sonner (lorsqu'il atteint le niveau de radiation autorisé). Cela fait si peur que la première fois qu'il sonne, vous devenez tout pâle. Il faut l'avoir vécu pour le comprendre. Donc, on a beau dire qu'il faut serrer les boulons en diagonale, c'est difficilement possible, on se contente de visser et le travail finit par être bâclé. Et alors, que se passe-t-il ? [...]

Il est arrivé que, dans une centrale nucléaire en activité, un gros boulon se desserre sur une machine. Comme une centrale en marche émet une quantité folle de rayonnements ionisants, pour serrer ce boulon, j'ai réuni trente ouvriers. Placés en file indienne, au signal, ils se précipitaient vers le boulon, à environ sept mètres. Devant l'écrou, tout juste le temps de compter jusqu'à trois que l'alarme du dosimètre retentit. Certains, partis en courant, avaient à peine eu le temps de se demander où était la clé pour serrer l'écrou que le temps qui leur était imparti était déjà écoulé. Pour simplement donner trois tours à un boulon, il a fallu l'équivalent de 160 hommes, et cela a coûté quelque quatre millions de yens.

Vous vous demandez peut-être pourquoi on n'arrête pas la centrale pour faire la réparation, mais stopper une centrale nucléaire pendant une journée, c'est perdre des centaines de millions de yens, alors les compagnies d'électricité évitent au maximum d'en arriver là. Les radiations sont extrêmement dangereuses, mais, pour une entreprise, l'argent compte plus que la vie des gens.

Extrait de l'article « Ce que j'ai vu dans les centrales nucléaires », *Shûkan Gendai* (numéro du 23 avril 2011)

La rédaction de ce journal remonte à une période antérieure à l'accident de la centrale nucléaire de Fukushima Daiichi. Vous pourriez donc penser que tout cela est de l'histoire ancienne, mais à Fukushima bien entendu, comme dans toutes les autres centrales nucléaires, la situation est toujours exactement la même.

La bataille contre l'eau contaminée, une lutte inégale

Fin octobre 2013, on comptait dans l'enceinte de la centrale nucléaire de Fukushima Daiichi 1 048 réservoirs d'eau contaminée, parmi lesquels ces cuves cylindriques rudimentaires appelées réservoirs à brides, construites au prix de l'irradiation des ouvriers. L'eau contaminée issue des réacteurs n°s 1 à 4 est stockée dans 958 d'entre eux, environ 330 000 tonnes au total. Et alors que leur remplissage à capacité par l'eau continuellement injectée pour refroidir le cœur des réacteurs et par l'eau souterraine qui ne cesse de s'épancher n'était qu'une question de temps, des typhons répétés ont apporté des pluies torrentielles.

Des dysfonctionnements ont alors été constatés : l'eau contaminée retenue par les barrages édifiés autour des réservoirs s'est écoulée dans l'océan, ou bien elle a été évacuée sans mesure de son niveau de contamination ; mais le plus gros problème, ensuite, a été de savoir que faire de l'eau contaminée restée sur place, retenue par les digues. La Compagnie d'électricité de Tokyo n'a eu d'autre choix que de la stocker dans les réservoirs souterrains auxquels elle ne devait pourtant plus recourir parce qu'ils fuyaient.

Il ne s'agit là que d'une solution provisoire ; le remplacement des réservoirs rudimentaires par des réservoirs soudés est en cours, et leur nombre sera augmenté, mais en attendant, l'eau contaminée continue sans cesse à fuir. Dans le même temps, pour refroidir le cœur des réacteurs, de l'eau doit être injectée en permanence. Il faut également compter avec les infiltrations d'eau souterraine. Ce sont ainsi environ 400 tonnes d'eau contaminée qui viennent s'ajouter chaque jour. Des réservoirs à brides doivent certes être installés rapidement, mais leur capacité individuelle n'est que de 450 tonnes. La construction de réservoirs plus grands et soigneusement soudés demande du temps, et si leur installation prend du retard, il deviendra impossible de stocker l'eau contaminée. Même en admettant que les ouvriers arrivent à les monter assez vite, au prix d'une considérable exposition aux radiations ionisantes, l'espace où les installer est limité. Continuer ainsi est clairement voué à l'échec.

Comment en est-on arrivé là ?

Pourquoi les réacteurs doivent être continuellement refroidis

Le 11 mars 2011, la centrale nucléaire de Fukushima Daiichi, frappée par un séisme et un tsunami, a été privée de toute alimentation électrique. Une machine normale s'arrête simplement de fonctionner lorsqu'elle n'est plus alimentée, mais avec un réacteur nucléaire, pourtant lui aussi une machine, il n'en va pas ainsi.

Dans une centrale nucléaire, on tire de l'énergie de la fission de l'uranium. Lorsqu'un incident survient, il est relativement aisé d'interrompre le phénomène de fission en soi. Mais la fission de l'uranium génère des produits de fission cent millions de fois plus radioactifs que l'uranium dont ils sont issus. Le simple fonctionnement d'un réacteur nucléaire suffit donc à accumuler, à l'intérieur, d'énormes quantités de substances radioactives. La chaleur dégagée par ces produits de fission, appelée puissance résiduelle, continue à être perpétuellement émise, même après l'arrêt du réacteur nucléaire.

Pour donner une idée de l'ordre de grandeur de cette chaleur, le plus petit réacteur de Fukushima Daiichi, le n° 1 (460 MW), émettait environ 10 MW immédiatement après l'arrêt de la centrale. Cela équivaut à la chaleur produite par l'allumage simultané de 10 000 appareils chauffants, des radiateurs électriques domestiques par exemple. La puissance résiduelle est la chaleur émise par les produits de fission, un agglomérat d'environ 200 substances radioactives à la durée d'existence plus ou moins longue. Les plus éphémères disparaissant relativement rapidement, une journée après l'accident, la puissance résiduelle était divisée par 10. Elle a ensuite continué à diminuer progressivement, mais dépassait encore 5 MW trois jours après l'arrêt du réacteur. De quoi faire évaporer 140 litres d'eau par minute. C'est-à-dire une chaleur telle qu'en une minute, elle peut vider de son eau une baignoire pleine. Les réacteurs n°s 2 et 3, ayant une puissance de 780 MW, émettent une puissance résiduelle encore plus importante.

Si cette chaleur n'est pas évacuée, le cœur du réacteur fond obligatoirement et s'il entre en fusion, des rejets radioactifs massifs sont inévitablement charriés par l'air et par l'eau. Le cœur doit donc être refroidi à tout prix, mais lors de l'accident, la paralysie de toutes les sources d'électricité immobilisait les pompes de refroidissement aussi.

J'ai alors lancé un appel pour que de l'eau soit injectée, de l'eau de mer s'il n'y avait pas d'eau douce, ou de la boue, même, si l'eau de mer posait problème : il fallait avant tout arroser. Parce que pour refroidir quelque chose, la substance la plus efficace, c'est l'eau. L'État et la Compagnie d'électricité de Tokyo aussi, voyant qu'il fallait refroidir les réacteurs, ont décidé de pomper de l'eau de mer pour l'envoyer dans les cœurs. À partir du 12 mars, le lendemain de l'accident, des camions de pompiers ont donc été mobilisés et les injections d'eau de mer ont débuté. Mais au bout du compte, les cœurs des trois réacteurs sont tous entrés en fusion, libérant hélas d'importants rejets radioactifs. C'est ce qu'on appelle le *meltdown*. Depuis, afin de minimiser les émissions radioactives, les cœurs continuent à être refroidis avec de l'eau.

Les injections d'eau de mer n'arrivaient pas jusqu'au cœur des réacteurs !

Revenons ici sur ces injections d'eau de mer : un phénomène étrange s'est produit. On avait beau en verser tant et plus, le niveau dans le cœur des réacteurs n'augmentait pas. De ce fait, les cœurs ont fini par entrer en fusion, mais ce n'est que deux ans et neuf mois après l'accident que le mystère du niveau d'eau inchangé a enfin été résolu. Le 13 décembre 2013, les médias ont annoncé que la plus grande partie de l'eau injectée par les camions de pompiers n'avait en réalité pas atteint le cœur des réacteurs.

À l'intérieur d'un bâtiment-réacteur, il y a des milliers de conduits, et ceux dans lesquels les camions de pompiers injectaient de l'eau de mer depuis l'extérieur présentaient plusieurs embranchements. À chacun de ces embranchements se trouve une valve ; parce que ces valves n'ont pas été fermées, l'eau a fui en cours de route, sans parvenir jusqu'au cœur.

La Compagnie d'électricité de Tokyo le savait déjà fin mars 2011. Si elle n'a pas rendu cette information publique, c'est, paraît-il, parce qu'elle « ne jugeait pas que cela pouvait contribuer à l'amélioration de la sécurité » (*Yomiuri Shimbun*), ce qui est stupéfiant. Tepco s'est certes excusée en expliquant que « même si suffisamment d'eau avait été injectée, on ne peut affirmer que la fusion des cœurs était évitable. Le processus de fusion aurait néanmoins sans doute pu être freiné » (*Tokyo Shimbun*), mais non sans arguer qu'« à ce moment-là, les niveaux de radioactivité sur le terrain étaient déjà élevés, il était difficile de fermer les valves » (Jiji.com). C'était effectivement sans doute le cas.

Pourquoi l'eau contaminée continue à augmenter

Quoi qu'il en soit, lorsque les injections d'eau ont débuté, la Compagnie d'électricité de Tokyo projetait de décontaminer l'eau injectée dans les cœurs pour la faire circuler en circuit fermé. Pour résumer, une fois versée sur le cœur d'un réacteur, l'eau est contaminée, il s'agit donc de la traiter grâce à un système de décontamination qui élimine le césium, afin de la réutiliser. Si tout s'était passé comme prévu, le volume d'eau contaminée n'aurait pas augmenté. Mais dans les faits, il n'en est pas allé ainsi. En effet, le cœur du réacteur se trouve normalement dans une cuve pressurisée, mais à cause de la fusion, cette cuve aussi s'est percée. Ensuite, l'enceinte de confinement située autour de cette cuve, dernier rempart pour retenir la radioactivité, déjà abîmée, laissait échapper de l'hydrogène et des substances radioactives et ne retenait pas l'eau injectée dans la cuve au fond percé. Celle-ci se déversait dans la partie souterraine du bâtiment-réacteur, mais comme ce bâtiment est en béton, il n'est fondamentalement pas fait pour arrêter l'eau. De plus, après un tel séisme, l'endroit était sûrement criblé de fissures et de trous. On pouvait bien y déverser des quantités d'eau, rien ne la retenait. Donc, la seule solution pour continuer à refroidir le cœur des réacteurs est d'injecter de l'eau sans relâche, et plus on en injecte, plus l'eau contaminée augmente, tel est le dilemme actuel.

Ensuite, où les fuites d'eau contaminée s'écoulent-elles ? Dans le sous-sol du bâtiment-réacteur, dans celui du bâtiment-turbines qui lui est relié, ou encore plus loin, dans tout le réseau extérieur de tunnels souterrains, tranchées, fossés et puits. C'est ainsi que l'eau contaminée accumulée dans l'enceinte de la centrale nucléaire de Fukushima Daiichi atteignait déjà, fin mars 2011, près de 100 000 tonnes.

Une proposition refusée

Inquiété par la tournure des événements, dès la fin mars, j'ai appelé au transport immédiat de l'eau contaminée en navire-citerne. La Compagnie d'électricité de Tokyo, débordée par l'eau contaminée qui ne cessait d'augmenter, avait déjà lancé la construction des réservoirs provisoires, mais ces réservoirs rudimentaires fuiraient un jour, et ils ne seraient jamais prêts à temps. Un navire-citerne, c'était un contenant étanche et immédiatement utilisable ; il s'agissait d'en stationner un d'une capacité de 100 000 tonnes au large des côtes de Fukushima et d'y transvaser l'eau contaminée présente dans l'enceinte de la centrale. Comme l'eau contaminée continuerait malgré tout à s'accumuler, le tanker géant aurait été envoyé à la centrale nucléaire de Kashiwazaki-Kariwa, exploitée par Tepco. Cette centrale, la plus grande installation nucléaire du monde, dispose d'importants moyens de traitement des effluents. Il aurait donc été approprié de traiter l'eau contaminée là-bas, comme je le proposais. Mais hélas, ni l'État ni la Compagnie d'électricité de Tokyo n'ont agréé ma suggestion. Et l'eau contaminée a continué de s'accumuler, sans que rien ne soit fait, si bien qu'elle atteint aujourd'hui près de 400 000 tonnes[2]. Si, à ce moment-là, ma proposition avait été mise en œuvre, on aurait sans doute pu pomper 100 000 tonnes supplémentaires, et la situation aurait été bien plus simple à gérer qu'aujourd'hui. Quand j'y pense, cela m'afflige.

Par ailleurs, à partir de la mi-mai, j'ai insisté sur la nécessité de construire un réseau de murs étanches dans le sous-sol des bâtiments-réacteur, afin d'éviter que les cœurs fondus n'entrent en contact avec les eaux souterraines. Les cœurs des réacteurs nos 1 à 3 avaient déjà fondu. La question était donc de savoir où ils se trouvaient ; Tepco affirmait qu'ils devaient être à l'intérieur de l'enceinte de confinement du réacteur, l'ultime barrière de protection, mais il était hélas impossible d'aller y voir, ou de s'en assurer. La possibilité existait qu'ils aient traversé l'enceinte de confinement pour s'enfoncer dans le sol, ce que je crois aujourd'hui encore. Si c'est le cas, ils sont forcément en contact avec les eaux souterraines, qui transportent ainsi des niveaux de radiations extrêmes jusqu'à l'océan, un mouvement qu'il n'est plus possible de stopper. Mais ni l'État ni la Compagnie d'électricité de Tokyo n'ont tenu compte de cette suggestion.

Tepco a néanmoins calculé combien coûterait la construction d'un mur étanche. La conclusion était que la facture s'élèverait à 100 milliards de yens, et parce que l'annonce d'une telle dépense aurait fait obstacle à l'assemblée générale des actionnaires prévue au mois de juin, ce projet a été écarté. Et le premier ministre de l'époque, Naoto Kan, a entériné cette décision.

---

2 555 000 tonnes à la date du 28 octobre 2014.

Plus tard, en octobre 2011, soit plus de six mois après l'accident, Tepco s'est enfin attelée aux travaux de construction d'un mur étanche. Mais la barrière édifiée est une enceinte en forme de U ouvert sur l'intérieur des terres. Les flux d'eaux souterraines ne sont donc pas bloqués, ce qui ne laisse guère espérer d'impact positif. D'ailleurs, aujourd'hui encore les eaux souterraines du côté des bâtiments-réacteur faisant face à l'océan présentent des taux de contamination extrêmement élevés, ce qui en est la meilleure preuve.

Les difficultés liées au mur de glace

Voici qu'aujourd'hui, le projet a été lancé d'édifier un mur de glace pour un investissement estimé à 40 milliards de yens, mais cela intervient bien trop tard. Mieux vaut tard que jamais, cependant, car cette construction, bien entendu nécessaire, doit voir le jour. En réalité, il faudrait construire une enceinte en acier et en béton, mais cela demanderait du temps et du travail, et une irradiation supplémentaire des ouvriers. Si l'on considère qu'un mur de glace sera réalisé plus vite et pour une exposition moindre, alors c'est bien. Mais je pense qu'il ne tiendra pas longtemps.

Cette technique de gel du sol est habituellement utilisée dans la construction de tunnels, où l'on progresse en congelant juste la portion de sol à creuser dans la journée. Pour geler le sol, il faut de l'électricité, mais, à la différence des travaux de construction d'un tunnel où l'on congèle une portion de sol pour une durée déterminée, le mur de glace mesurera 1,4 kilomètre de long et il devra être refroidi en permanence, et ce sur plusieurs décennies. Le coût estimé de la facture d'électricité s'élève à 3 milliards de yens par an, une somme astronomique, mais surtout, si jamais l'alimentation est coupée en raison d'un accident ou d'une catastrophe quelconques, tout est perdu. Le mur de glace fondra et, de nouveau, la situation sera critique. Rien ne garantit que cela ne se produira pas au cours des prochaines décennies. Ce projet me semble irréalisable.

L'état du sol sous la centrale constitue un autre facteur inquiétant. La centrale nucléaire de Fukushima Daiichi est construite sur une colline de 30 à 40 mètres de haut qui a été rasée jusqu'à quelques mètres par rapport au niveau de la mer ; ce terrain, traversé par les eaux souterraines en provenance des hauteurs, est fragile à la base. Et en plus, comme l'eau contaminée a été laissée à l'abandon, sans vraie mesure, pendant près de quatre ans, l'eau qui fuit des réacteurs et les eaux souterraines, étroitement mêlées, ont déjà pénétré le sol en grande quantité. Dans ces conditions, construire un mur de glace en sous-sol pour endiguer les eaux souterraines accroît le risque de voir le sol se soulever et l'accumulation d'eau contaminée s'écouler. De plus, si le soulèvement du sol provoque un phénomène de liquéfaction, il faudra alors s'inquiéter de l'effondrement de la piscine de combustible usé du réacteur n° 4.

Au bout du compte, même si le mur de glace est prêt au bout d'un an et demi ou deux, son impact se limitera sans doute à freiner légèrement le rythme auquel l'eau contaminée augmente et à repousser l'échéance ; le temps gagné permettra de chercher une autre solution, rien de plus.

Pour résumer, il est déjà trop tard. L'eau contaminée a d'ores et déjà largement souillé les sols dans l'enceinte de la centrale, ainsi que l'océan. Toutes les mesures interviennent trop tard, la contamination radioactive continue à progresser, loin d'être maîtrisée, et le mieux qu'on puisse faire est de limiter son ampleur : voilà où nous en sommes. À force d'inaction, la situation est devenue intenable.

Les fuites d'eau contaminée ont commencé dans les jours suivant l'accident

Le problème de l'eau contaminée n'est pas nouveau

Après l'annonce de la « découverte de fuites d'eau contaminée dans les réservoirs souterrains », début avril 2013, les médias se sont emparés de ce sujet comme s'il s'agissait d'un problème soudainement survenu. Ensuite, au mois de juillet, la nouvelle que « Tepco reconnaît pour la première fois que de l'eau fortement contaminée s'écoule dans l'océan » a inquiété la population, dont l'intérêt s'est renforcé d'un coup et, en août, on a appris qu'il y aurait aussi eu des fuites dans les réservoirs en surface, puis en septembre que non, en fait, ces fuites-là remontaient à bien avant, peut-être bien au mois de janvier de l'année précédente ; devant les informations et cette agitation, comme si l'on découvrait les faits, il me semblait que c'était un peu tard.

Le problème de l'eau contaminée existe en fait depuis que l'accident s'est produit. Dès le démarrage de l'injection d'énormes quantités d'eau de mer dans les réacteurs, le 12 mars, l'eau contaminée qui en résulte se répand dans le sous-sol des bâtiments-réacteur et turbines et dans le réseau de tunnels souterrains alentour, relié à l'océan, où elle s'accumule sans relâche et menace de déborder ; à la fin mars, le volume total d'eau contaminée approchait les 100 000 tonnes, comme je l'ai déjà signalé. Et au début du mois d'avril, on en a vu 520 tonnes, un colossal volume d'eau fortement contaminée – à hauteur de 4,7 gigabecquerels – jaillir en cascade d'une lézarde dans un ouvrage en béton, un fossé qui s'étend jusqu'aux quais du port. Certains d'entre vous s'en souviennent certainement ; la Compagnie d'électricité de Tokyo, alarmée, a réussi à boucher l'ouverture à grand-peine. Mais dès l'instant où la fissure a été colmatée, les médias ont semblé rassurés : les fuites d'eau contaminée étaient résolues ; ils n'ont plus jamais abordé la question.

Il n'y a pourtant aucune raison d'estimer le problème résolu : les bâtiments-réacteur et turbines comme les tranchées, les fossés et les puits, tous les ouvrages dans l'enceinte de la centrale sont en béton. Le béton se fissure forcément, il n'existe pas de construction en béton qui ne se lézarde pas. En l'absence de traitement particulier, le béton est incapable de retenir l'eau. En plus, à ce moment-là, tout avait été cassé par le puissant séisme, il y avait des fissures partout. Le sous-sol des bâtiments, les tranchées et les fossés, bref, toutes les parties souterraines et invisibles étaient fissurées aussi, d'où les fuites d'eau contaminée. C'était le cas à l'époque et, près de quatre ans plus tard, c'est forcément toujours vrai. C'est pourquoi je pense que dès la mi-mars, immédiatement après le début des injections d'eau de mer dans les réacteurs, l'eau contaminée s'est écoulée dans l'océan. Les fuites d'eau contaminée continuent depuis, sans interruption. En sous-sol, elle se mélange évidemment aux eaux souterraines, et se déverse dans l'océan.

Ce que montrent les mesures de contamination des algues du Sanriku

Depuis le printemps 2006, je procède à des mesures de la contamination radioactive des algues wakamé récoltées dans le Sanriku, à Omoe (préfecture d'Iwate). À l'origine, l'objectif était, en prévision de la mise en service de l'usine de retraitement des déchets nucléaires de Rokkasho (préfecture d'Aomori), d'enquêter sur les niveaux de contamination antérieurs ; le site de Rokkasho n'a toujours pas démarré officiellement, mais j'ai malgré tout décidé de poursuivre le relevé de données annuelles. C'est dans ce cadre que depuis l'accident de la centrale nucléaire de Fukushima Daiichi, on constate chaque année dans les wakamés du Sanriku une contamination au césium qui y est clairement liée. S'agit-il d'une contamination aérienne, ou portée par les courants marins ? Il est impossible de le déterminer avec précision. Mais il est certain que des eaux éloignées de la centrale nucléaire de Fukushima ont été contaminées immédiatement après l'accident, et qu'elles continuent à l'être.

Les mesures sont effectuées par spectrométrie gamma, avec un détecteur à semi-conducteur au germanium. Comme il s'agit d'analyser les substances radioactives (les nucléides) libérant des rayons gamma, les nucléides qui n'en émettent pas, par exemple le strontium ou le tritium qui dégagent uniquement des rayons bêta, ne sont pas mesurés.

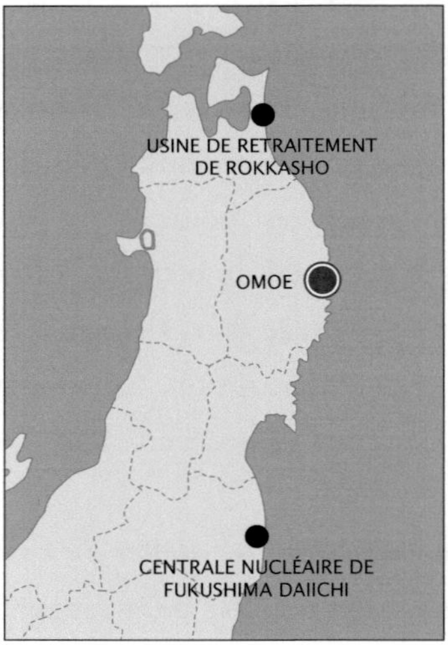

Figure 1 : localisation d'Omoe (commune de Miyako, préfecture d'Iwate)

LISTE DES ÉCHANTILLONS REÇUS	NUCLÉIDE (DEMI-VIE)		
	K-40 (1,3 milliard d'années)	Cs-137 (30 ans)	Cs-134 (2 ans)
	Concentration radioactive (Bq/kg)		
Prélèvement d'avril 2006	2 800 ± 5,9	0,19 ± 0,08	ND
Prélèvement du 26 mars 2007	101 ± 1,3	ND	ND
Prélèvement du 26 mars 2008	2 190 ± 3,5	ND	ND
Prélèvement début avril 2009	2 650 ± 4,0	0,17 ± 0,04	ND
Prélèvement mi-avril 2010 (1)	1 750 ± 3,2	0,21 ± 0,04	ND
Prélèvement mi-avril 2010 (2)	1 930 ± 3,5	0,26 ± 0,04	ND
Prélèvement mi-avril 2011	1 600 ± 7,7	2,36 ± 0,13	1,75 ± 0,09
Prélèvement mi-avril 2012 (1)	1 310 ± 3,4	0,33 ± 0,05	0,14 ± 0,04
Prélèvement mi-avril 2012 (2)	1 220 ± 4,1	0,31 ± 0,04	0,098 ± 0,03
Prélèvement mi-avril 2013	2 360 ± 4,2	0,85 ± 0,06	0,35 ± 0,05

Tableau 1 : les côtes du Sanriku ont été contaminées immédiatement après l'accident du 11 mars

Le tableau 1 montre, parmi ceux émettant des rayons gamma mesurables, les résultats pour le potassium 40 (K-40), le césium 137 (Cs-137) et le césium 134 (Cs-134). Le potassium 40, qu'on trouve dans la nature, est l'un des principaux radionucléides d'origine naturelle. Le césium 137 est l'un des principaux radionucléides artificiels, c'est-à-dire un produit de fission résultant de la fission de l'uranium dans un réacteur nucléaire, dont la période radioactive ou demi-vie est de trente ans. La demi-vie désigne la période nécessaire aux rayonnements ionisants pour diminuer de moitié. Enfin, le césium 134 est lui aussi un radionucléide artificiel, mais à la période radioactive beaucoup plus courte, deux ans.

Bref, dans ce tableau, l'important en matière de mesure de la contamination radioactive est le niveau de césium ; le césium 137, du fait de sa période radioactive de trente ans et des rejets liés aux essais nucléaires atmosphériques des années 1950 et 1960, principalement américains et soviétiques, ainsi qu'à l'accident de la centrale nucléaire de Tchernobyl en 1986, est détecté dans quasiment tous les échantillons prélevés sur le globe. D'autre part, le césium 134, que ne génèrent pas les essais nucléaires de surface, a été rejeté dans l'atmosphère par l'accident de Tchernobyl, mais, avec une demi-vie de deux ans, il a déjà disparu. De ce fait, si du césium 134 est détecté aujourd'hui, la cause ne peut en être que l'accident de la centrale nucléaire de Fukushima Daiichi.

Alors, avec ces informations en tête, intéressons-nous une nouvelle fois au tableau 1. Du césium 134 est continuellement détecté depuis la mi-avril 2011. Et en 2011, année de l'accident de Fukushima, le césium 137 aussi est présent à des niveaux dix fois supérieurs à ceux habituellement relevés.

Voyons maintenant la figure 2 (page 36). Il s'agit de l'évolution des taux de césium 137 et de potassium 40 dans les algues wakamé. Ces deux nucléides étaient déjà présents : avant l'accident de la centrale nucléaire de Fukushima Daiichi, la proportion de césium 137 s'établissait à environ seulement un dix millième du potassium 40. L'année de l'accident, elle a grimpé à plus d'un millième, pour rester ensuite à un niveau élevé, plusieurs fois supérieur à celui d'avant l'accident. L'océan est effectivement contaminé, aujourd'hui encore.

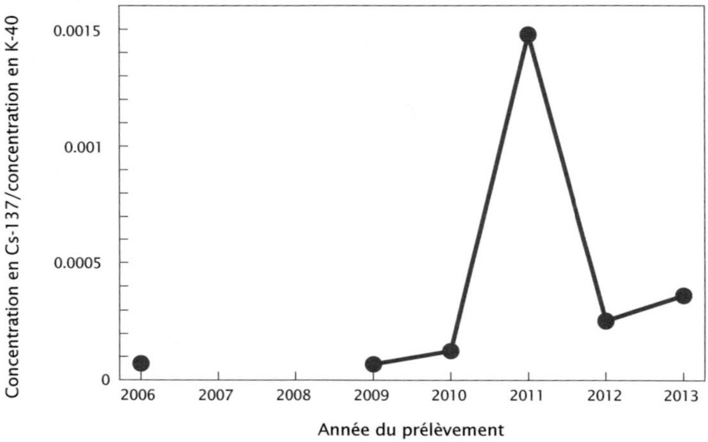

Figure 2 : proportion de Cs-137 et de K-40 dans les wakamés

La gravité d'un accident dans une installation nucléaire est maintenant évidente, mais quel est l'impact sur les wakamés du Sanriku ? Revenons au tableau 1 (page 34) ; le césium 134, dont la demi-vie est de deux ans, diminue en conséquence, et, alors qu'immédiatement après l'accident son niveau atteignait 70 à 80 % de celui du césium 137, en 2013 il était tombé à moins de la moitié. Au vu de ces résultats de mesure de la contamination radioactive, on peut dire que l'irradiation au césium entraînée par l'ingestion de wakamés du Sanriku n'est pas importante. Précisons que les niveaux relevés en 2013 sont beaucoup plus élevés, mais dans la mesure où le potassium 40 existant à l'état naturel a lui aussi doublé, c'est sans doute dû davantage au niveau de déshydratation des wakamés étudiés qu'à l'impact de l'accident de Fukushima.

Même en dehors de tout accident, les centrales nucléaires polluent les mers

Délaissons un instant l'accident de Fukushima pour examiner des données prouvant qu'une centrale nucléaire est une installation qui libère fatalement des substances radioactives dans l'environnement. Il s'agit des résultats d'une étude sur la contamination des eaux autour de la centrale nucléaire d'Ikata de la Compagnie d'électricité de Shikoku, située à Ikata dans le district de Nishiuwa (préfecture d'Ehime). Cette étude se fonde sur les forages marins effectués par les membres du Cercle d'étude des jeunes sur les problèmes environnementaux à Isozu ; lancée en janvier 1979, elle se poursuit encore aujourd'hui, trente-cinq ans plus tard[3].

Les échantillons de fonds marins sont toujours prélevés aux quatre points indiqués dans la figure 3. La terre extraite est déposée, avec l'eau de mer, dans un récipient en plastique et mise à sécher en la brassant de temps à autre. Ainsi, les particules les plus grosses tombent au fond tandis que les substances boueuses remontent et sèchent en formant une sorte de pellicule. Les analyses portent sur les deux, les particules et la croûte, qui montrent des tendances similaires. De ce fait, nous présenterons ici seulement les résultats d'analyse pour les particules, présentes en quantité suffisante et stable.

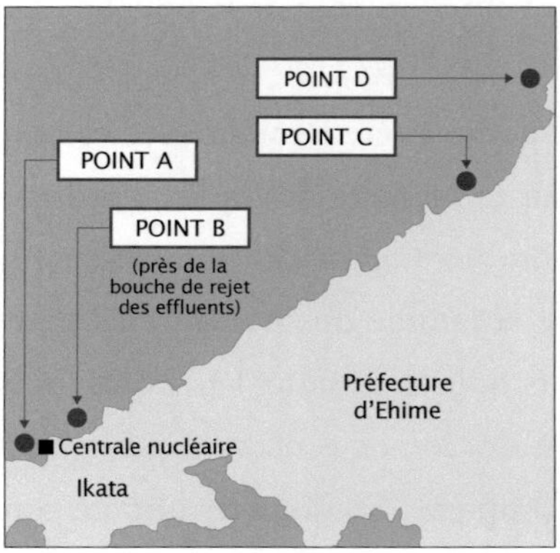

Figure 3 : localisation des prélèvements effectués aux alentours de la centrale nucléaire d'Ikata

[3] L'étude a pris fin en mai 2014.

La méthode d'analyse étant la même que pour les wakamés du Sanriku, par spectrométrie gamma avec un détecteur à semi-conducteur au germanium, les nucléides comme le strontium et le tritium qui émettent uniquement un rayonnement bêta ne sont pas mesurés ici non plus.

Les mesures portent, pour les radionucléides naturels, sur le potassium 40 (K-40), ainsi que le bismuth 214 de la famille de l'uranium 238 et l'actinium 228 de la famille du thorium. Ces noms ne vous sont peut-être pas familiers ; en un mot, tous ces nucléides existent à l'état naturel. Ensuite, pour les radionucléides artificiels générés par les réacteurs nucléaires, il s'agit du césium 137 (Cs-137) et du cobalt 60 (C-60), le césium 137 libéré par les essais nucléaires de surface et l'accident de Tchernobyl étant aujourd'hui encore détecté, comme je l'ai déjà expliqué. En revanche, pour le cobalt 60, dont la période radioactive relativement courte est de cinq ans, l'impact des contaminations passées est quasiment nul. De ce fait, si du cobalt 60 est détecté près d'un site nucléaire, cela signifie qu'il émane de cette installation.

Les résultats des mesures du fond marin prélevé en quatre endroits, les points A à D, sont présentés dans les figures 4 à 7 (pages 40 et 41). Les figures des points A et B montrent les résultats pour les échantillons prélevés près de la centrale, le point B étant situé du côté de la bouche de rejet des effluents liquides.

Comme le grand public n'est sans doute guère familier avec ce type de figures, voici quelques explications sur la manière de les lire : la ligne de points blancs, tout en haut, représente les valeurs du potassium 40, les triangles inversés en dessous celles de la famille du thorium, les triangles la famille de l'uranium 238, les points noirs le césium 137 et les losanges noirs le cobalt 60. On voit également des losanges blancs, qui figurent le cobalt 60 détecté sous une forme incomplète ; les données ont été conservées, bien qu'elles ne correspondent sans doute à aucune réalité. Pour cette raison, elles sont accompagnées de la mention « douteux ».

Les 57 relevés effectués depuis le mois de janvier 1979 sont présentés ici ; les valeurs pour chacun sont représentées par une marque différente pour chaque nucléide. En abscisse figurent les années et en ordonnée la radioactivité par gramme. L'unité utilisée est le picocurie (pCi), un pico valant 10^{-12}. L'unité de radioactivité aujourd'hui en vigueur est le becquerel (Bq) ; un picocurie équivaut à 0,037 becquerel.

Expliquons maintenant les résultats des mesures : on constate que les valeurs pour les trois radionucléides naturels situés en haut et le césium sont en tous points globalement stables. Quant au cobalt 60, qui nous intéresse particulièrement, il n'est pas détecté aux localisations C et D, éloignées de la centrale, et même en A, il ne l'a été qu'à quelques reprises, dans les premiers temps de l'enquête. En comparaison, au point B, dans la baie où est située la bouche de rejet des effluents, on constate qu'il est régulièrement détecté. En un mot, cela signifie que de l'eau contaminée contenant du cobalt 60 est continuellement rejetée par la centrale nucléaire d'Ikata.

Ce qui est étonnant ici, c'est que dans la figure du point B, le cobalt 60 n'apparaît pas toujours ; c'est parce que les appareils de mesure possèdent une limite de détection, en dessous de laquelle la valeur n'est pas mesurée, même en présence de la substance. Ainsi, à partir de 1992 environ, les valeurs sont restées inférieures à la limite de détection pendant plusieurs années ; l'utilisation d'un appareil de mesure plus perfectionné a permis d'obtenir de nouvelles valeurs pour le cobalt 60 au point B. Notons néanmoins qu'à partir de la 51e série de mesures effectuée en 1999, où la valeur est notée comme « douteuse », elle reste de nouveau sous la limite de détection.

Quoi qu'il en soit, on peut dire que globalement, la contamination au cobalt 60 a graduellement diminué, sans doute grâce à une gestion plus rigoureuse de la centrale. En effet, les résultats de cette enquête ont été rendus publics en 1982, immédiatement après quoi les données officielles publiées par la Compagnie d'électricité de Shikoku sont systématiquement tombées sous le seuil de détection pour les effluents liquides radioactifs, tritium mis à part. Cette campagne est bien entendu l'une des raisons ayant contraint la Compagnie d'électricité de Shikoku à agir.

On peut certainement s'en réjouir. Cependant, d'un point de vue technique, les rejets radioactifs des centrales nucléaires ne seront jamais nuls. Si l'on effectuait des mesures encore plus précises, on constaterait, aujourd'hui encore, que la centrale rejette des effluents radioactifs liquides.

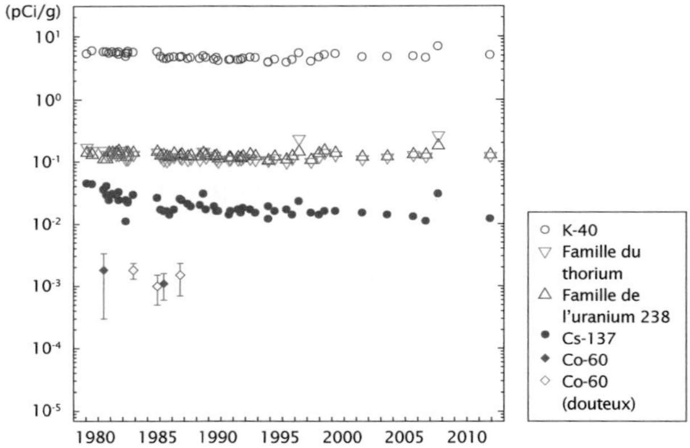

Figure 4 : résultats des mesures au point A

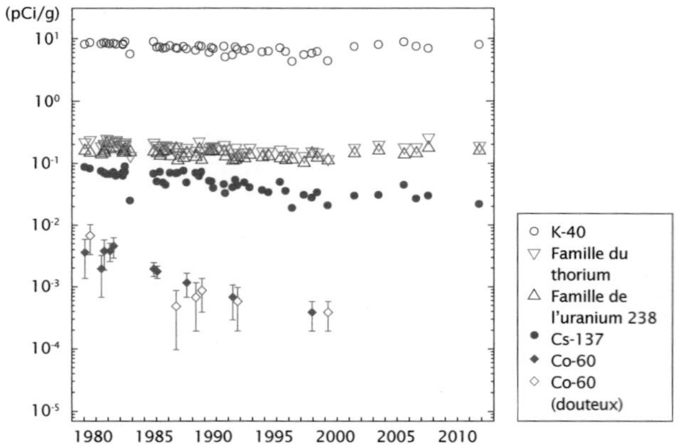

Figure 5 : résultats des mesures au point B

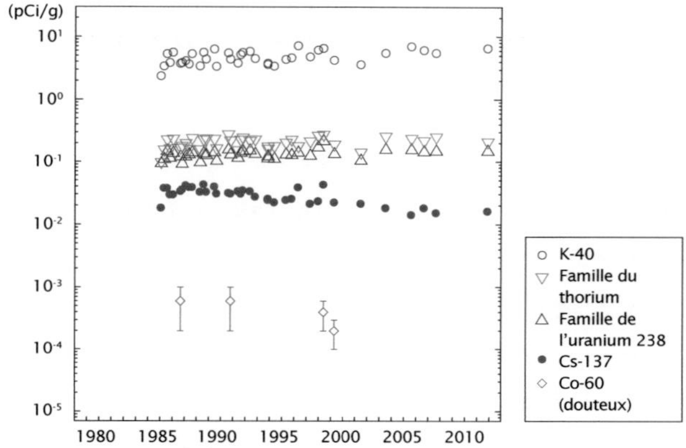

Figure 6 : résultats des mesures au point C

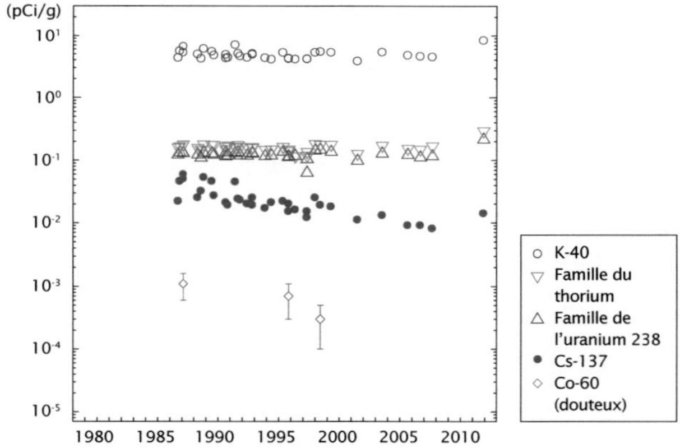

Figure 7 : résultats des mesures au point D

Le refroidissement par l'eau, une technique qui a atteint ses limites

Qu'est-ce que le tritium, que même le système de décontamination ALPS ne peut éliminer ?

Comme je viens de l'évoquer, la centrale nucléaire d'Ikata semble gérer de façon stricte les eaux contaminées, mais malgré tout, elle ne parvient pas à en éliminer le tritium. La Compagnie d'électricité de Tokyo aussi, afin de réduire ne serait-ce qu'un peu l'eau contaminée qui s'accumule, projette de la débarrasser de ses substances radioactives pour la rejeter dans l'océan après nettoyage. Pour ce faire, elle place ses espoirs dans le système de décontamination ALPS. Cet équipement est capable d'éliminer 62 des 63 substances radioactives présentes dans l'eau contaminée. Quelle est donc celle qui reste jusqu'au bout ? C'est le tritium. Face à la substance radioactive appelée tritium, la totalité des systèmes de traitement des effluents sont parfaitement impuissants.

Le tritium porte également le nom d'hydrogène 3, ce qui désigne un hydrogène trois fois plus lourd, mais de l'hydrogène, somme toute. Puisque c'est de l'hydrogène, libéré dans la nature, il se transforme en eau. Pour résumer, comme le tritium se métamorphose en eau, même si on obtient de l'eau propre par élimination complète des substances radioactives, le tritium, lui, ne peut être évacué.

Les rayonnements ionisants émis par le tritium étant des rayons bêta de très faible énergie, sa toxicité radioactive n'est pas très élevée. C'est pourquoi on entend dire que « tous les pays le font », « il n'y a pas de danger pour la santé », et le fait est que, comme la centrale d'Ikata dont il a été question dans les pages précédentes, les installations nucléaires rejettent déjà du tritium dans les mers. Cependant, il n'est pas correct pour autant d'affirmer son innocuité ; comme le tritium était jusqu'à présent discrètement rejeté, la relation de cause à effet dans d'éventuelles affections n'a tout simplement pas été appréhendée. Dans un monde où le vivant subsiste grâce à l'eau, le tritium me paraît constituer une grave menace : un humain qui en absorbe subira une irradiation interne, et l'eau de mer qui s'évapore pour se transformer en nuages, puis en pluie, contamine les sols. Ensuite, bien entendu, toute la faune et la flore terrestres en subissent l'impact, avec des dommages inéluctables sur les récoltes et les animaux d'élevage. L'homme risque alors évidemment d'être contaminé par leur biais. Il n'est donc aucunement acceptable, sous prétexte d'une faible toxicité, qu'une substance radioactive artificiellement créée dans un réacteur nucléaire soit rejetée en mer.

Une seule solution malgré tout : rejeter l'eau contaminée dans l'océan

Le volume d'eau contaminée stockée dans les réservoirs au sein de la centrale nucléaire de Fukushima Daiichi atteignait au total 550 000 tonnes fin octobre 2014[4], d'après les chiffres officiels. Mais il ne s'agit pas de toute l'eau contaminée présente dans la centrale : en comptant aussi l'eau pas encore pompée, celle qui stagne dans les tunnels souterrains par exemple, le total doit approcher les 430 000 tonnes, à mon avis. À ce total viennent encore s'ajouter les 400 tonnes d'eau souterraine qui s'écoulent quotidiennement. Dans la centrale, l'eau contaminée déborde de partout.

D'autre part, en novembre 2013, du milieu à la fin du mois, le système ALPS jusqu'alors continuellement en panne a enfin entamé une phase d'essai de ses trois chaînes de traitement. Mais le volume d'eau susceptible d'être traité par les trois unités au maximum de leur capacité est, en moyenne, de 500 tonnes par jour. C'est bien entendu insuffisant. La

[4] Le traitement de l'eau contaminée (après l'élimination du césium) est de 555 000 tonnes et le volume de stockage est à peu près de 622 000 tonnes (le 28 octobre 2014).

Compagnie d'électricité de Tokyo va donc renforcer le système ALPS, et le ministère de l'Économie, du Commerce et de l'Industrie va travailler à une nouvelle version capable de traiter 2 000 tonnes d'eau contaminée par jour, afin d'achever la décontamination d'ici la fin mars 2015. Personnellement, étant donné que je souhaite voir l'eau contaminée éliminée le plus vite possible, j'espère vivement que ce projet avancera comme prévu. Cependant, je doute fort que tout se déroule sans anicroche.

Avant la mise en service du système ALPS actuel aussi, il y a eu des fuites ici et là, des engorgements dus à des caoutchoucs oubliés pendant les travaux, etc., et puis, une fois entré en service, le système s'est arrêté au bout d'une dizaine de jours pour cause de fuite de produit chimique. Mais là encore, comme tout le travail se déroule dans un environnement hautement radioactif, c'est inévitable. ALPS n'est pas une machine livrée clef en main, les pièces en vrac doivent être assemblées sur place. Mais puisque l'environnement est fortement radioactif, comme je l'ai déjà signalé, il est impossible de fabriquer tranquillement une machine solide. Donc, par exemple, pour raccorder des tuyaux, s'il est impossible de les souder, on les maintient avec un joint en caoutchouc. Et là où l'on ne peut fixer des plaques ou des conduits métalliques, on utilise des tuyaux de fortune en caoutchouc. Sinon, les doses de radiation s'accumulent à grande vitesse : l'environnement de travail est ainsi fait. Fuites et pannes sont donc inévitables, et les fréquents arrêts du système comme le peu de progrès dans le traitement de l'eau contaminée parfaitement compréhensibles. Si le traitement n'avance pas, l'eau contaminée continue à s'accumuler. Dans ce cas, il ne reste plus qu'à édifier de nouveaux réservoirs. La Compagnie d'électricité de Tokyo affirme qu'elle va en construire suffisamment pour stocker 800 000 tonnes, mais la place est de toute façon limitée et, un jour, l'eau sera déversée dans l'océan.

Du point de vue des pêcheurs, c'est impensable. Pourtant, et je suis désolé de le dire, il n'y a pas d'autre choix. L'ennemi contre lequel nous luttons actuellement, ce sont des rayonnements ionisants que l'homme ne peut éliminer, par quelque moyen que ce soit. Notre seul recours est d'éviter les fuites, mais tant qu'il faudra continuer à arroser sans relâche le cœur des réacteurs, l'eau souillée par les radiations continuera de s'accumuler. Si elle n'est pas décontaminée à temps et qu'il n'y a plus de place pour la stocker, l'heure venue, il n'y aura d'autre choix que de la diluer le plus possible avant de la déverser dans l'océan. Cette débâcle nous attend dans un avenir proche, voilà où nous en sommes.

Répondre par l'alliance des savoir-faire nationaux et internationaux

La situation est complexe et apparemment insoluble, mais le cœur des réacteurs doit malgré tout absolument continuer à être refroidi. Dans le même temps, les moyens d'éviter de rejeter en mer la moindre quantité d'eau contaminée doivent aussi être étudiés. Mais si l'on injecte davantage d'eau, l'eau contaminée augmentera inexorablement. Immédiatement après l'accident, j'ai appelé à arroser les réacteurs pour les refroidir, avec de l'eau de mer ou même de la boue, mais aujourd'hui, j'en viens à penser qu'il va bientôt falloir renoncer à cette technique.

Maintenant que trois années se sont écoulées depuis l'accident, les substances radioactives à période courte ont déjà disparu, et la puissance résiduelle est tombée à plusieurs centièmes de son niveau d'après l'accident. Aujourd'hui, il me semble possible de refroidir le cœur fondu des réacteurs sans avoir recours à l'eau. À la place, je propose d'utiliser un métal au point de fusion bas comme l'étain, le plomb ou le bismuth. S'il était possible de faire parvenir un tel métal jusqu'aux cœurs fondus, il s'amalgamerait avec eux. Au fur et à mesure que cette masse grandirait, la puissance résiduelle devrait fondamentalement diminuer et, parvenue à un certain point, la fusion cessera. Il suffirait d'atteindre ce point pour qu'ensuite le refroidissement s'opère naturellement, grâce à l'air. Cette méthode de refroidissement par un métal au point de fusion bas, les Européens l'ont conseillée au lendemain de l'accident, mais, depuis quelque temps, au Japon aussi certains la recommandent.

Cependant, est-il possible de faire parvenir du métal au cœur déjà fondu d'un réacteur, et dont on ignore encore la localisation comme l'état ? Je n'en suis pas certain. À l'issue de modélisations informatiques, la Compagnie d'électricité de Tokyo a annoncé à un moment que les cœurs se trouvaient encore dans l'enceinte de confinement, mais tant qu'il est impossible d'ouvrir cette enceinte pour regarder dedans, il n'y a pas moyen de savoir dans quelle mesure cette simulation est correcte ; les cœurs fondus peuvent très bien avoir déjà traversé l'enceinte de confinement et s'être répandus dans les sous-sols. Par ailleurs, l'État et la Compagnie d'électricité de Tokyo semblent imaginer que les cœurs fondus se tiennent bien gentiment en un seul morceau, comme un gâteau fourré à la pâte de haricots rouges, mais ce n'est pas forcément le cas : ils peuvent s'être dispersés et se trouver éparpillés un peu partout. De plus, puisque fondre signifie se liquéfier, au lieu d'être concentrés en un point précis, ils sont peut-être devenus boue ou bouillie, bref une masse instable et mouvante. Mais comme l'on ne peut aller y voir, il est impossible de savoir laquelle de ces images est la bonne.

Quoi qu'il en soit, pour refroidir les cœurs avec du métal, le seul moyen serait de l'injecter sous la forme de fines particules en même temps que l'eau, mais les conduits et les pompes par lesquels passe actuellement l'eau, avec leurs nombreux coudes, se boucheraient sans doute ici et là. Dans ce cas, tout serait perdu. Alors, quels conduits utiliser ? Quelle taille doivent avoir les particules de métal ? De quelle puissance doit être le flux d'eau ? Tous ces facteurs demandent à être étudiés avec le plus grand soin. Pour cela, le recours au savoir-faire de spécialistes en mécanique des fluides est nécessaire, tout autant qu'il est indispensable de réunir les idées d'experts dans des domaines variés.

Si l'injection de métal s'avère impossible, on peut aussi déverser de l'azote liquide dans l'enceinte de confinement pour congeler toute l'eau actuellement accumulée à l'intérieur. Avec un débit d'environ 5 m^3 d'azote liquide par heure, cela devrait être possible. Ou alors, on pourrait aussi recourir au refroidissement atmosphérique, un peu comme pour le moteur des motos. Mais on ignore si ces techniques peuvent réellement fonctionner. Nous sommes au cœur d'une situation dépassant toute imagination, jamais vécue par l'humanité, dont personne ne sait avec certitude comment la surmonter. Il ne reste donc qu'à rassembler les savoir-faire du monde entier et à avancer en débattant de la meilleure solution. Mais hélas, l'État comme la Compagnie d'électricité de Tokyo n'en ont ni la volonté, ni les moyens.

Tokyo, en partie zone de radioprotection contrôlée

La contamination radioactive due à l'accident de Fukushima

La substance la plus dangereuse pour l'humanité : le césium 137

La fission de l'uranium dégage quelque 200 produits de fission (substances radioactives). D'après le rapport du gouvernement japonais soumis trois mois après l'accident à l'AIEA, organisme international de promotion du nucléaire, les principaux rejets radioactifs atmosphériques lors de l'accident de la centrale de Fukushima Daiichi sont des gaz rares, de l'iode, du césium, du strontium ou encore du plutonium (tableau 2, page 50). Les émissions les plus importantes entre toutes ont été celles de xénon 133 ($1,1 \times 10^{19}$) et d'iode 131 ($1,6 \times 10^{17}$) à la demi-vie courte, respectivement de 5,2 et 8 jours ; les autres isotopes de l'iode ayant également une période radioactive brève, de deux ou trois heures à moins de 24 heures, il n'y a plus rien à faire, ni de problèmes en termes de contamination à venir. D'autre part, le strontium et le plutonium ont une période longue et sont fortement toxiques, mais les rejets étant faibles, la contamination des sols ne cause pas d'inquiétude, ni, par conséquent, celle des légumes et de la viande. Néanmoins, on détecte aujourd'hui encore des taux élevés de strontium dans l'eau contaminée qui s'échappe de l'enceinte de la centrale : il faut donc rester vigilant en ce qui concerne les produits de la mer.

(en Bq)

		Demi-vie	Réacteur n° 1	Réacteur n° 2	Réacteur n° 3	Total
Gaz rares	Xe-133	5,2 jours	$3,4 \times 10^{18}$	$3,5 \times 10^{18}$	$4,4 \times 10^{18}$	$1,1 \times 10^{19}$
Iode	I-131	8 jours	$1,2\times 10^{16}$	$1,4 \times 10^{17}$	7×10^{15}	$1,6 \times 10^{17}$
	I-132	2,3 heures	$1,3 \times 10^{13}$	$6,7 \times 10^{6}$	$3,7 \times 10^{10}$	$1,3 \times 10^{13}$
	I-133	20,8 heures	$1,2 \times 10^{16}$	$2,6 \times 10^{16}$	$4,2 \times 10^{15}$	$4,2 \times 10^{16}$
	I-135	6,6 heures	2×10^{15}	$7,4 \times 10^{13}$	$1,9 \times 10^{14}$	$2,3 \times 10^{15}$
Césium	Cs-134	2,1 ans	$7,1 \times 10^{14}$	$1,6 \times 10^{16}$	$8,2 \times 10^{14}$	$1,8 \times 10^{16}$
	Cs-137	30 ans	$5,9 \times 10^{14}$	$1,4 \times 10^{16}$	$7,1 \times 10^{14}$	$1,5 \times 10^{16}$
Strontium	Sr-89	50,5 jours	$8,2 \times 10^{13}$	$6,8 \times 10^{14}$	$1,2 \times 10^{15}$	2×10^{15}
	Sr-90	29,1 ans	$6,1 \times 10^{12}$	$4,8 \times 10^{13}$	$8,5 \times 10^{13}$	$1,4 \times 10^{14}$
Plutonium	Pu-238	87,7 ans	$5,8 \times 10^{8}$	$1,8 \times 10^{10}$	$2,5 \times 10^{8}$	$1,9 \times 10^{10}$
	Pu-239	24 065 ans	$8,6 \times 10^{7}$	$3,1 \times 10^{9}$	4×10^{7}	$3,2 \times 10^{9}$
	Pu-240	6 537 ans	$8,8 \times 10^{7}$	3×10^{9}	4×10^{7}	$3,2 \times 10^{9}$
	Pu-241	14,4 ans	$3,5 \times 10^{10}$	$1,2 \times 10^{12}$	$1,6 \times 10^{10}$	$1,2 \times 10^{12}$

Source : tableau élaboré sur la base du rapport du gouvernement japonais pour la Conférence ministérielle de l'AIEA sur la sûreté nucléaire (version révisée du 20 octobre 2011)

Tableau 2 : niveaux estimés des rejets radioactifs rapportés par le gouvernement japonais à l'AIEA

Ainsi, la substance qui demande désormais la plus grande attention, c'est le césium. Il en existe deux types ; celui qui pose problème est le césium 137, dont la demi-vie est longue. Ce césium 137 est, à mon avis, le nucléide le plus dangereux pour l'humanité.

Les rejets de césium, 168 fois la bombe atomique de Hiroshima ?

Quel volume de ce dangereux césium 137 la centrale nucléaire de Fukushima Daiichi a-t-elle rejeté ? Examinons les données du tableau 2, mises en forme dans la figure 8. Les chiffres étant peu parlants, pour faciliter la compréhension, les volumes sont ici représentés sous forme de surface. Oublions les chiffres et comparons les surfaces.

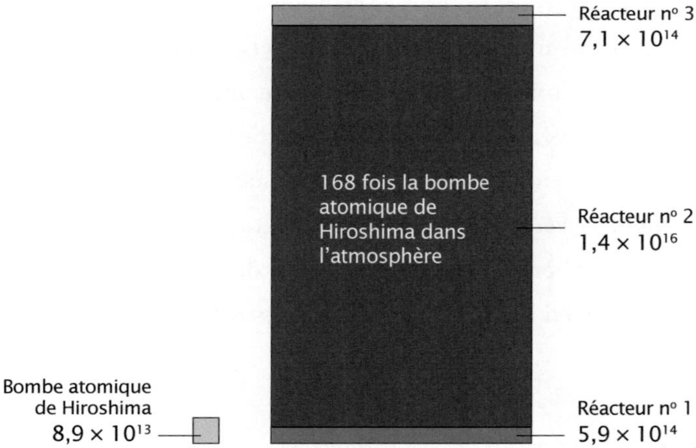

Source : tableau élaboré sur la base du rapport du gouvernement japonais pour la Conférence ministérielle de l'AIEA sur la sûreté nucléaire

Figure 8 : comparaison des rejets atmosphériques de césium 137 (en becquerels)

Commençons par le petit carré en bas à gauche. Il représente le volume de césium 137 rejeté dans l'atmosphère par la bombe atomique de Hiroshima. Alors, quel volume les rejets de la centrale nucléaire de Fukushima Daiichi atteignent-ils ? À lui seul, le réacteur n° 1 a libéré l'équivalent de 6 ou 7 fois la bombe atomique de Hiroshima. Les plus forts rejets reviennent sans conteste au réacteur n° 2, il est même difficile d'évaluer à combien de fois Hiroshima cela équivaut. Enfin, le réacteur n° 3 aussi a rejeté du césium, toutefois en moindre quantité que le n° 2. Au total, les rejets de césium de ces trois tranches équivalent à 168 fois la bombe atomique de Hiroshima.

Les quantités en elles-mêmes sont déjà effarantes, mais comme ces chiffres émanent du gouvernement japonais, je n'y crois pas, parce que le gouvernement a toujours affirmé que les centrales nucléaires étaient absolument sûres, et que c'est lui qui a construit 58 réacteurs atomiques dans notre petit pays. Parler de la responsabilité du gouvernement est insuffisant, ce qu'il a commis est un crime. Et il n'y a aucune raison pour qu'un criminel avoue de lui-même la vérité. À mon avis, la réalité est le double ou le triple des chiffres annoncés par le gouvernement. D'ailleurs, divers organismes internationaux mènent des évaluations de l'accident de Fukushima, et certains avancent en effet des chiffres deux ou trois fois plus élevés. Là est certainement la vérité : la centrale nucléaire de Fukushima Daiichi a rejeté dans l'atmosphère 400 ou 500 fois plus de cendres mortelles que la bombe atomique n'en a répandu sur Hiroshima. C'est vraiment un accident terrible.

Le cheminement des retombées radioactives

Le Japon est situé dans la zone tempérée de l'hémisphère nord, soumise aux vents d'ouest dominants. Cela signifie que fondamentalement, le vent y souffle d'ouest en est. La centrale nucléaire de Fukushima Daiichi est située sur la côte pacifique de la préfecture de Fukushima ; à l'est, il n'y a que l'océan Pacifique. De ce fait, les rejets radioactifs massifs ont en grande partie été balayés vers l'océan par les vents d'ouest. Mais la nature n'est pas immuable. Le vent souffle aussi du nord, du sud ou de l'est.

D'après les communiqués gouvernementaux, les rejets radioactifs portés par le vent du nord ont fortement contaminé le couloir de Hamadôri, dans la préfecture de Fukushima. Les retombées radioactives, devenues nuages, ont franchi les marges de la préfecture pour contaminer le nord de celle d'Ibaraki. Ensuite, le nuage radioactif a survolé l'océan avant de repasser au-dessus des terres, dans le sud de la préfecture d'Ibaraki, où il a contaminé les environs de Kasugaura. Après, les retombées radioactives ont contaminé le nord de la préfecture de Chiba et une partie de la ville basse de Tokyo.

À un moment, des vents de sud-est ont également soufflé, poussant les retombées radioactives vers le nord-ouest. Malheureusement, il pleuvait ou neigeait à ce moment-là dans ces zones. De ce fait, les retombées radioactives, mêlées à la pluie ou à la neige, ont fortement contaminé les sols, tout en continuant leur route. Le chemin pris ce jour-là correspond aux actuelles « zone de préparation à la levée de l'ordre d'évacuation », « zone de restriction pour l'habitation » et « zone de retour difficile ».

Après, au bout d'une quarantaine ou cinquantaine de kilomètres environ, les vents ont tourné. Le vent du nord s'est mis à souffler, chassant le nuage radioactif vers le sud. Celui-ci alors a léché Nakadôri, la zone la plus densément peuplée de la préfecture de Fukushima. Il a ensuite atteint la lisière de la préfecture de Tochigi, dans laquelle il a aisément pénétré en l'absence du moindre obstacle naturel, pour en contaminer la moitié nord. Puis il s'est enfoncé dans la préfecture de Gunma, dont il a souillé la moitié nord. En filant tout droit, il aurait atteint la préfecture de Nagano, mais un haut massif montagneux sépare les deux préfectures. Incapable de le franchir, le vent a alors obliqué vers le sud, à flanc de montagne. La moitié ouest de la préfecture de Gunma, l'ouest de celle de Saitama et les environs d'Okutama à Tokyo ont ainsi été contaminés.

Cette contamination, exprimons-la maintenant avec des chiffres concrets. La zone d'environ quarante à cinquante kilomètres au nord-ouest de la centrale nucléaire de Fukushima Daiichi dépasse les 600 000 becquerels par mètre carré. Dans les environs de Nakadôri, on trouve entre 100 000 et 300 000 Bq/m^2 de césium, d'après le gouvernement japonais. Ailleurs, dans la moitié est de la préfecture de Fukushima et le nord de Tochigi et Gunma, dans le nord et le sud d'Ibaraki, le nord de Chiba et une partie de Saitama et Tokyo, on relève entre 30 000 et 60 000 Bq/m^2. Par ailleurs, comme on le constate en examinant la figure 9, outre les zones déjà évoquées, la contamination s'établit entre 30 000 et 60 000 Bq/m^2 dans le sud et le nord de la préfecture de Miyagi, ou encore dans une partie de celles de Niigata et d'Iwate. Toutes ces données émanent du gouvernement japonais.

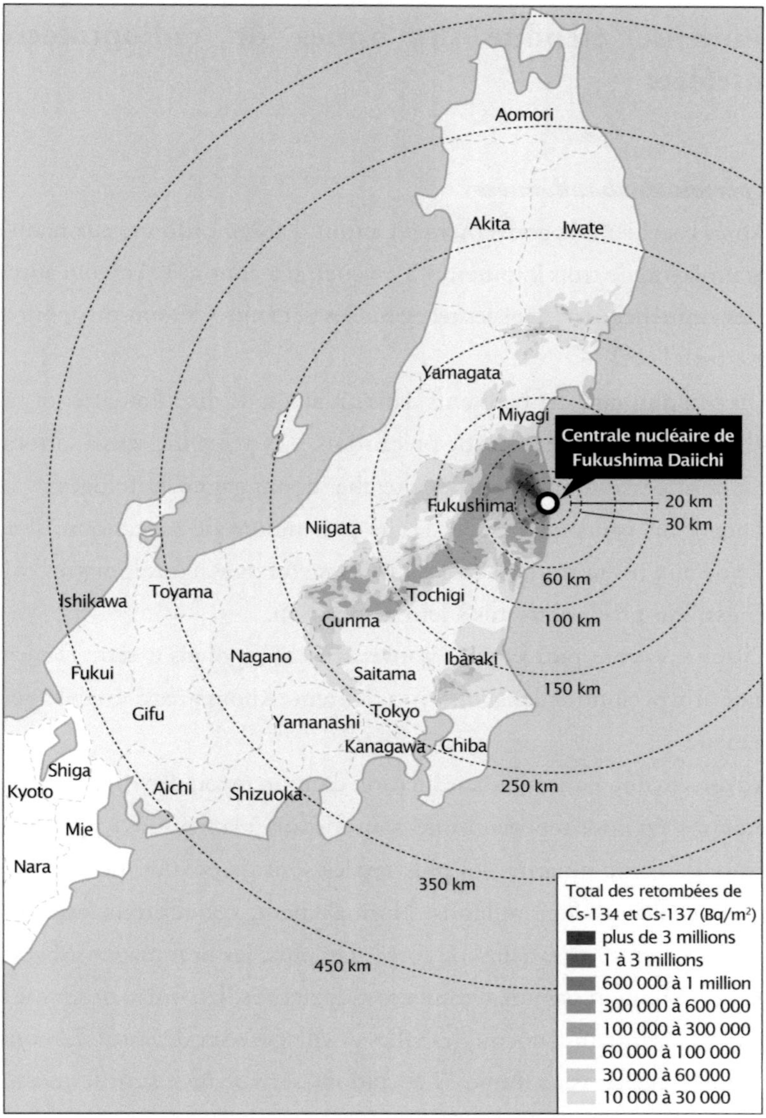

Source : tableau élaboré à partir de documents du ministère de l'Éducation et des Sciences

Figure 9 : étendue de la contamination radioactive

L'immense étendue des zones de radioprotection contrôlées

Les personnes abandonnées

Après l'accident, le gouvernement a tout d'abord ordonné aux habitants dans un rayon de trois kilomètres d'évacuer. Il a annoncé l'envoi d'autocars qui les emmèneraient dans les refuges. Ces personnes les ont pris pour aller se mettre à l'abri.

Un peu plus tard, les habitants dans un rayon de dix kilomètres ont reçu l'ordre d'évacuer, par mesure de précaution. Ces personnes aussi sont montées à bord des autobus venus les chercher et ont gagné les refuges.

Encore un peu plus tard, toujours par mesure de précaution, il a été ordonné aux riverains d'évacuer dans un rayon de vingt kilomètres. Alors, eux aussi ont pris les bus mis à leur disposition.

Ensuite, encore plus tard, le gouvernement japonais a cette fois-ci demandé aux personnes dans un rayon de trente kilomètres d'évacuer volontairement.

Voyons maintenant la contamination dans un rayon de vingt et de trente kilomètres, en nous reportant une nouvelle fois à la figure 9 (page 55). Les niveaux de contamination les plus faibles sont de 60 000 becquerels, les plus élevés dépassent 3 millions. Normalement, ces endroits auraient dû immédiatement être évacués de force. De plus, les dommages subis le 11 mars ne se limitent pas aux retombées radioactives. Un puissant séisme s'est produit, ainsi qu'un tsunami, les villes et villages sont dévastés. Le courant est coupé, les magasins fermés. Les stations-service aussi sont fermées. Les routes sont quasiment impraticables. Si des autocars viennent vous chercher, il est peut-être possible d'évacuer, mais lorsqu'on vous dit « si vous voulez fuir, débrouillez-vous », c'est impossible.

Pour commencer, les retombées radioactives, comme nous l'avons vu dans les pages précédentes, ont été disséminées par les vents, elles ne se sont pas déployées uniformément autour de la centrale nucléaire. Et pourtant, alors qu'il disposait de SPEEDI (système de prévision des doses radioactives en cas d'urgence), le gouvernement japonais a dissimulé ces informations et ordonné les évacuations de façon uniforme, en fonction de la distance par rapport à la centrale nucléaire. Ceux qui ont le plus lourdement pâti de cette décision, ce sont les habitants du village d'Iitate. Iitate est situé à l'extrémité de la zone fortement contaminée qui s'étend vers le nord-ouest. Il se trouve hors de la zone d'un rayon de trente kilomètres. De ce fait, plusieurs mois après l'accident nucléaire, on a soudain annoncé aux habitants que la contamination radioactive était extrêmement forte et qu'ils devaient partir, ils ne pouvaient plus vivre là. Surnommé le plus beau village de montagne du Japon, que sa population entendait gérer par elle-même, Iitate n'avait tiré aucun bénéfice de la centrale nucléaire.

Qu'est-ce qu'une zone de radioprotection contrôlée ?

Je travaille à l'Institut de recherche expérimentale sur les réacteurs nucléaires, au sein de l'université de Kyoto. Il y a un réacteur nucléaire. L'institut s'étend sur une superficie de 100 000 *tsubo*, soit environ 33 hectares. Notre réacteur nucléaire est petit, c'est presque un jouet, mais pour le faire fonctionner, une telle surface est nécessaire. D'ailleurs, la manipulation de substances radioactives n'est pas autorisée n'importe où dans ce périmètre de 33 hectares. Elle l'est uniquement dans certains endroits précis. Ces endroits sont appelés des zones de radioprotection contrôlée. Leur accès est interdit aux particuliers.

Pour le grand public, l'unique possibilité d'entrer en contact avec une zone de radioprotection contrôlée, c'est dans les hôpitaux. Les salles de radiologie, ou plus récemment de CT-scan, en font partie. Lorsqu'on y pénètre, on remarque une chose : un panneau ou une affiche « entrée interdite sauf personnel autorisé ». L'entrée est réservée à certaines personnes, c'est l'essence d'une zone contrôlée.

Une fois dans la zone contrôlée, on n'a plus le droit de boire de l'eau. Ni de manger. Il ne faut pas y dormir non plus. La porte d'entrée reste fermée en permanence et, pour l'ouvrir afin de sortir, il y a une procédure à respecter.

Du fait qu'on a travaillé à l'intérieur, nos vêtements sont peut-être contaminés, et nos mains aussi. En sortant avec ces substances sur soi, on irradierait les autres ; il faut donc se décontaminer pour que la porte s'ouvre. Si nos vêtements sont contaminés, il faut les ôter et les jeter. Si nos mains sont contaminées, il faut les laver jusqu'à ce qu'elles soient propres. À l'eau chaude si l'eau froide ne suffit pas. Avec un produit chimique, quitte à ce que l'épiderme soit légèrement attaqué, si l'eau chaude ne suffit pas non plus. Sinon, la porte ne s'ouvre pas, le système est ainsi conçu.

La limite est fixée à 40 000 becquerels par mètre carré. C'est-à-dire que hors de la zone contrôlée, quoi qu'il arrive, une radioactivité supérieure à 40 000 Bq/m^2 n'est pas autorisée.

Le Japon, un État de droit ?

Si, au-delà de 40 000 Bq/m^2, un lieu devient zone contrôlée, les endroits fortement contaminés, à plus de 600 000 Bq/m^2 – bien entendu la zone de quarante à cinquante kilomètres au nord-ouest de la centrale nucléaire de Fukushima Daiichi, mais aussi celle des trente kilomètres autour de la centrale, et les territoires contaminés entre 30 000 et 60 000 Bq/m^2, à savoir, en partant du nord, une partie de la préfecture d'Iwate, le sud et le nord de celle de Miyagi, la moitié est de Fukushima, la moitié nord de Tochigi et

Gunma, une partie de Niigata, le nord et le sud d'Ibaraki, le nord de Chiba et une partie de Saitama et de Tokyo –, alors, tous ces endroits sont des zones de radioprotection contrôlée.

Le secteur contaminé à hauteur de 600 000 Bq/m^2, soit environ une fois et demie la superficie du lac Biwa, est désert : le gouvernement a déjà fait évacuer les habitants. La superficie totale du reste représente plus de dix mille kilomètres carrés. Dans cette immense zone de radioprotection contrôlée vivent aujourd'hui plusieurs millions de personnes, qui y font des enfants et les élèvent.

Que faire ? Je n'en sais rien. Une tragédie qui dépasse toute imagination est en marche au Japon, à la minute présente.

Les objets contaminés à plus de 40 000 Bq/m^2 ne doivent pas sortir d'une zone de radioprotection contrôlée, c'est la loi. Donc, si on respectait la législation japonaise, les terres contaminées au-delà de cette limite devraient être désignées zones contrôlées et leur accès interdit aux particuliers. Mais le gouvernement japonais, incapable de renoncer à un immense territoire de plus de dix mille kilomètres carrés, laisse les gens y vivre. D'autre part, il existait aussi une loi limitant à un millisievert la dose annuelle de radiations acceptable pour le grand public. Cependant, comme les autorités l'indiquent elles-mêmes, la région du Tôhoku mais aussi celle du Kantô sont fortement contaminées sur une large étendue. Face à cette réalité, qu'a fait le gouvernement ? Il a décrété qu'avant, la situation était normale, mais que maintenant, en situation de crise, la dose annuelle de radiations pouvait dépasser un millisievert par an. Mais être irradié, c'est dangereux. En particulier pour les enfants, chez qui la division cellulaire est active. Pour éviter l'irradiation, l'unique solution est de faire une croix sur ces terres et de fuir, mais l'État abandonne à leur sort les personnes qui choisissent d'évacuer, ne leur accordant ni dédommagement ni aide. Parmi ceux qui en avaient les moyens, certains ont fui, mais dans certains cas, devant l'impossibilité de déplacer la famille entière, pour protéger au moins les enfants, les pères envoient au loin femme et progéniture et restent seuls dans la zone contaminée. Et les agriculteurs et les éleveurs, pour qui la terre en soi est toute leur vie, ne peuvent pas s'enfuir facilement. Voilà comment de nombreuses personnes, y compris des enfants, sont abandonnées dans des territoires qui, normalement, devraient être classés zone de radioprotection contrôlée.

Si l'on remonte encore plus loin, il existe des normes de concentration pour les rejets d'effluents radioactifs, qui ont été écartées, par exemple dans l'usine de retraitement actuellement en construction à Rokkasho (préfecture d'Aomori), parce qu'il est tout simplement impossible de s'y conformer ; à la place, le conduit d'écoulement débouche à trois kilomètres au large, où l'eau contaminée est rejetée en mer à une quarantaine de mètres de profondeur afin de la diluer. Et aussi, il y a six mois à peine, à Minamisôma, de l'eau contaminée au-delà du seuil légal a été déversée dans une rivière, avec l'approbation de l'organisme nucléaire qui a lui-même établi cette réglementation.

Jusqu'à présent, le Japon s'est considéré comme un État de droit. Si un citoyen enfreint la loi, l'État le punit. Dans ce cas, le respect par l'État des lois qu'il a lui-même promulguées me paraît être un devoir de base. Mais le gouvernement japonais, confronté à une législation qu'il n'est pas en mesure de respecter, fait fi des lois édictées par ses propres soins. Pourquoi, en ce qui concerne l'accident de Fukushima, y compris sur ce point, ces crimes ne sont-ils pas jugés ? Les responsables à l'origine de cet accident doivent absolument être punis.

Des « particules noires » découvertes à Tokyo aussi !

Les régions qui devraient être classées zones de radioprotection contrôlée sont non seulement touchées par une contamination invisible de l'air et des sols, mais on y trouve aussi des « particules noires », dont j'avais entendu parler depuis longtemps déjà. L'étude de ce phénomène, menée avec célérité par Tomoya Yamauchi de l'université de Kôbe, a permis de déterminer que ces particules noires présentent une concentration extrême en césium, et qu'il s'agit de cyanobactéries (des algues bleu-vert) mortes.

Ces particules noires m'ont été envoyées à partir du printemps 2012. La première demande de mesure portait sur des prélèvements effectués dans la préfecture de Tokyo, à Higashimurayama et dans l'arrondissement de Katsushika, deux échantillons pour Higashimurayama et quatre pour Katsushika, soit six en tout.

Les zones contaminées semblent n'évoquer, dans l'esprit de beaucoup de gens, que le Tôhoku et le nord du Kantô, mais l'examen des retombées de césium par préfecture, publié par le ministère de l'Éducation et des Sciences et l'Autorité de régulation du nucléaire, permet de constater qu'en termes de volume cumulé depuis l'accident de Fukushima en mars 2011 jusqu'au mois de juin de la même année (figure 10, page 62), la préfecture de Tokyo se place en quatrième position si l'on exclut celle de Miyagi, où les mesures sont impossibles – sans doute en cinquième position si on l'incluait ; pour le volume cumulé entre avril et octobre 2013 (tableau 3, page 62), Tokyo se situe en quatrième position derrière les préfectures de Fukushima, Ibaraki et Miyagi.

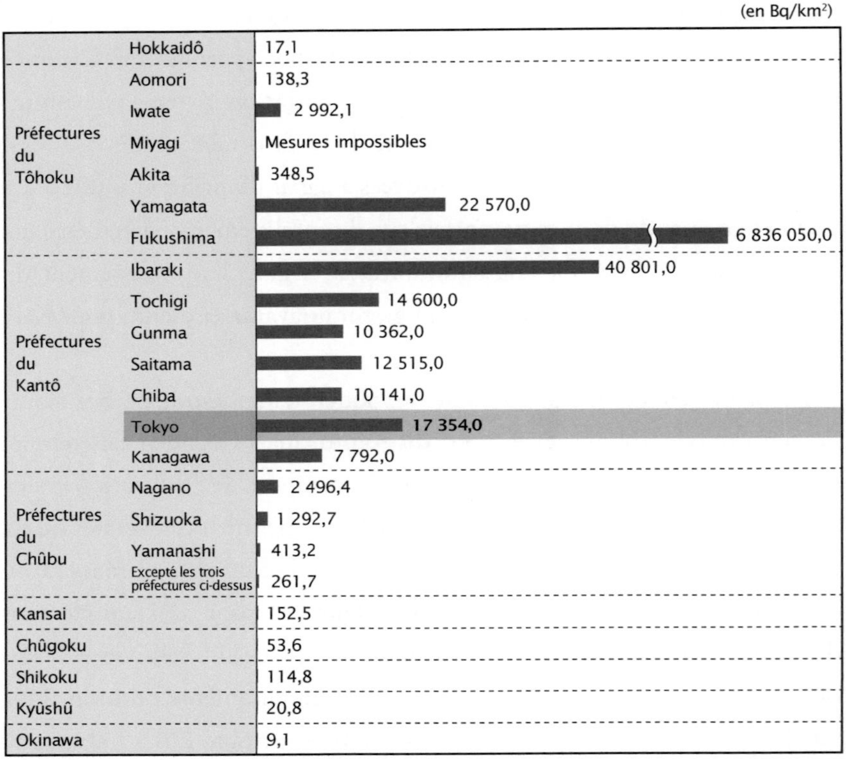

Source : tableau élaboré à partir du document « Retombées radioactives mensuelles et contamination par préfecture entre mars et juin 2011 », ministère de l'Éducation et des Sciences (situation en décembre 2011)

Figure 10 : volume des retombées de césium 134 et 137 (mars-juin 2011)

(en Bq/km²)

1	Fukushima (Futaba)	11 435,00
2	Ibaraki (Hitachinaka)	143,40
3	Miyagi (Sendai)	49,69
4	Tokyo (Shinjuku)	48,75
5	Gunma (Maebashi)	39,73

Source : tableau élaboré à partir du rapport « Résultat de l'enquête sur les niveaux de radiations (retombées par mois) » de l'Autorité de régulation du nucléaire

Tableau 3 : volume des retombées de césium 134 et 137 (avril-octobre 2013)

Le tableau 4 établit la liste des échantillons mesurés par mes soins, y compris ceux de la préfecture de Tokyo. La concentration en césium de ces échantillons figure dans le tableau 5 (page 64). Puisqu'il s'agit d'évaluer le niveau de césium, les mesures sont effectuées par spectrométrie gamma avec un détecteur à semi-conducteur au germanium.

Les particules noires prélevées dans le parc Mizumoto de l'arrondissement de Katsushika, un quartier populaire de Tokyo, (échantillons Tokyo 3 à 6) contenaient entre 200 000 et 300 000 becquerels de césium par kilo, ceux d'une école de Higashimurayama (échantillons Tokyo 1 et 2) plus de 20 000 Bq/kg. Quant à l'échantillon prélevé à Minami-sôma, reçu à la même période, il contenait entre 2 et 6 millions de becquerels de césium. D'autre part, des prélèvements effectués durant l'été 2013 dans la préfecture de Fukushima me sont aussi parvenus ; les échantillons provenant de la ville de Fukushima, située hors de la zone d'évacuation forcée, contenaient près de 2 millions de Bq/kg de césium.

Échantillon	Lieu de prélèvement	Date de la mesure	Poids de l'échantillon (g)	Durée de la mesure (min)
Tokyo 1	Higashimurayama, école	30/5/2012	54	76,2
Tokyo 2	Higashimurayama, école	30/5/2012	57	100,7
Tokyo 3	Katsushika, parc Mizumoto	30/5/2012	61	8,1
Tokyo 4	Katsushika, parc Mizumoto	30/5/2012	51	11,3
Tokyo 5	Katsushika, parc Mizumoto	30/5/2012	72	9,55
Tokyo 6	Katsushika, parc Mizumoto	30/5/2012	65	9,93
Fukushima, Minami-sôma 1	Kawabusa-oku	7/6/2012	0,68	6,28
Fukushima, Minami-sôma 2	Kanaya-shôten-mae	7/6/2012	1	9,8
Fukushima, Minami-sôma 3	Kanaya-shôten-mae	7/6/2012	1	16,7
Fukushima, Iitate 1	New Track Iitate	24/6/2013	41,5	1
Fukushima, Iitate 2	New Track Iitate	10/7/2013	0,71	5
Fukushima, Iitate 3	New Track Iitate	10/7/2013	0,86	60
Fukushima, Iitate 4	Nagadoro	10/7/2013	0,88	5
Fukushima, Tamura 1	Takashibayama	10/7/2013	1,29	31,8
Fukushima, Tamura 2	Takashibayama	10/7/2013	1,35	30
Fukushima, Fukushima	Sanbongi, Healthy Land	10/7/2013	1,3	30

Tableau 4 : liste des échantillons de « particules noires »

(en Bq/kg)

Échantillon	Cs-134	Cs-137	Total
Tokyo 1	8 500 ± 59	14 000 ± 80	22 500 ± 99
Tokyo 2	8 400 ± 51	13 000 ± 66	21 400 ± 83
Tokyo 3	110 000 ± 720	170 000 ± 870	280 000 ± 1 130
Tokyo 4	110 000 ± 640	180 000 ± 860	290 000 ± 107
Tokyo 5	89 000 ± 500	150 000 ± 680	239 000 ± 844
Tokyo 6	74 000 ± 470	120 000 ± 590	194 000 ± 754
Fukushima, Minami-sôma 1	1 90 000 ± 14 000	3 800 000 ± 21 000	5 700 000 ± 25 200
Fukushima, Minami-sôma 2	760 000 ± 6 100	1 500 000 ± 8 800	2 260 000 ± 10 700
Fukushima, Minami-sôma 3	990 000 ± 5 400	1 900 000 ± 7 600	2 890 000 ± 9 320
Fukushima, Iitate 1	2 400 000 ± 32 000	4 760 000 ± 49 000	7 160 000 ± 58 500
Fukushima, Iitate 2	4 260 000 ± 25 500	10 400 000 ± 40 560	14 660 000 ± 47 900
Fukushima, Iitate 3	2 020 000 ± 4 650	4 980 000 ± 7 470	7 000 000 ± 8 800
Fukushima, Iitate 4	2 870 000 ± 20 400	6 790 000 ± 29 200	9 660 000 ± 35 600
Fukushima, Tamura 1	129 000 ± 1 300	318 000 ± 2 000	447 000 ± 2 380
Fukushima, Tamura 2	403 000 ± 2 340	996 000 ± 3 680	1 399 000 ± 4 360
Fukushima, Fukushima	563 000 ± 3 000	1 340 000 ± 4 400	1 903 000 ± 5 330

Tableau 5 : concentration de césium dans les échantillons de « particules noires »

Enfin, en ce qui concerne le niveau de contamination des lieux dans lesquels ces échantillons ont été prélevés, il est supérieur à 40 000 Bq/m^2 pour le parc Mizumoto de Katsushika, qui devrait normalement être classé zone de radioprotection contrôlée. Minami-sôma et Fukushima sont des localités où la contamination dépasse 100 000 Bq/m^2. Mais Higashimurayama n'est pas contaminée au point où il faudrait en faire une zone contrôlée. Cet échantillon provient néanmoins d'une école.

Dans la loi japonaise, tout objet présentant une contamination au césium 137 ou 134 supérieure à 10 000 Bq/kg est considéré comme une substance radioactive. De ce fait, ces échantillons devraient en principe faire l'objet d'une gestion stricte dans une zone de radioprotection contrôlée, mais on les trouve dans des lieux où la population vit normalement. Ces particules noires doivent être éliminées dans les meilleurs délais des endroits où jouent des enfants. L'État et les autorités devraient, dans ce cas au moins, appliquer la loi.

Temple Butsugen, Iwasaki-chô, Watari, Fukushima (cliché du 21 avril 2012) — New Track Iitate (cliché du 30 avril 2012) — Nagata, Hirata, Fukushima (cliché du 28 mars 2012)

Photographies : Shigeki Chiba, professeur au lycée Ono de Hirata, Fukushima (tirées du « Rapport sur les mesures de spéctrométrie de masse par accéléromètre de l'université de Nagoya » (XXIV), mars 2013)

Photo : les « particules noires » dans notre environnement quotidien

Ceux qui ne lâchent pas prise

Les mesures de décontamination, sacrifice des populations

Dans l'espoir de se réapproprier tant bien que mal l'immense territoire souillé par la radioactivité, l'État a jusqu'à ce jour investi des sommes faramineuses dans la décontamination. L'examen du budget pour la reconstruction (tableau récapitulatif du projet de budget des comptes spéciaux pour la reconstruction succédant au séisme du Tôhoku pour l'année fiscale 2013) montre l'affectation à la catégorie « décontamination, etc. » de 454,7 milliards de yens pour l'année fiscale 2012 et de 622 milliards pour l'année fiscale 2013. Soit quelque 1 100 milliards de yens en tout. Chaque année, un peu moins de la moitié de ce budget est versée à un fonds géré par la préfecture de Fukushima pour financer la décontamination des zones sinistrées qui ne relève pas de la gestion directe de l'État. Pour l'exercice fiscal

2012, moins de 40 % de ces sommes ont été utilisées. Les opérations de décontamination n'avancent pas. Les 60 % restants ont donc bien entendu été reportés sur l'exercice suivant, mais un nouveau budget, presque égal aux prévisions, y a été ajouté pour l'année fiscale 2013, ce qui est pour le moins surprenant.

Quoi qu'il en soit, pourquoi la décontamination n'avance-t-elle pas ? La question était posée au responsable d'une collectivité locale concernée, dans un article de la version électronique de l'*Asahi Shimbun* (12 juillet 2013). D'après cet article, les directives du ministère de l'Environnement, trop contraignantes, imposent de nombreuses restrictions. « Si le pouvoir de décision revenait aux collectivités locales, la décontamination serait accélérée », affirme ce responsable. L'article précise que sur ce point, le ministère de l'Environnement répond que « les techniques non autorisées par Tepco ne peuvent pas être agréées. » Les frais de décontamination exclus de la gestion directe de l'État sont à la charge de la Compagnie d'électricité de Tokyo, à laquelle le ministère de l'Environnement réclame d'ailleurs quelque 40,4 milliards de yens d'argent public avancé à ce titre, mais pour l'instant, le paiement tarde. C'est pourquoi, d'après le ministère de l'Environnement « il est normal de négocier de façon à éviter que Tepco refuse de payer. » C'est incroyable.

Pour résumer, l'État se préoccupe d'abord de sauver la Compagnie d'électricité de Tokyo, plutôt que la population. En outre, en décembre 2013, le gouvernement a pris la décision d'imputer à la seule charge de l'État la totalité des frais de décontamination à venir, ainsi que les coûts de construction et d'équipement des installations de stockage provisoire des déchets contaminés. Une tâche qui prendra peut-être plusieurs dizaines d'années, voire une centaine d'années, sans garantie de finir un jour. Et qui coûtera encore 5 000 milliards de yens, nous dit-on, alors que rien ne permet de savoir si cette somme suffira vraiment. Mais, quoi qu'il en coûte désormais, l'État paiera, il l'a dit. D'ailleurs, juste avant l'adoption de cette décision, cette estimation de 5 000 milliards de yens a soudainement été divisée par deux, à 2 500 milliards de yens.

Par quel miracle ?

Le mois précédent, en novembre, l'Autorité de régulation du nucléaire avait affirmé qu'une irradiation inférieure à 20 millisieverts par an n'avait pas un fort impact sur la santé, une annonce qui avait provoqué un réel choc. À vrai dire, tout est lié.

En gros, voici comment cela fonctionne : *il faut redresser les finances de Tepco → on va prendre en charge les frais de décontamination → mais cela coûte cher → n'y aurait-il pas un moyen de s'en tirer pour moins cher ? → il faut réduire les opérations de décontamination → je sais, on cherchait à atteindre 1 mSv par an après décontamination, il suffit d'annoncer qu'il n'y a aucun danger jusqu'à 20 mSv* ; ce qu'on sacrifie, c'est la vie des populations. Le gouvernement a par ailleurs mis en place, principalement pour les habitants des « zones de retour difficile », des aides pour leur permettre de partir vivre ailleurs : encore une stratégie pour économiser sur les frais de décontamination. Puisque les endroits fortement contaminés consomment du temps et de l'argent, il s'agit de rassembler la population dans les zones les moins contaminées, en attendant.

Et ce n'est pas fini. *Les coûts sont ainsi divisés par deux, mais s'élèvent encore à 2 500 milliards de yens... → je sais, il suffit d'utiliser le profit tiré de la vente des parts de Tepco* détenues par l'Organisme d'aide au dédommagement des sinistres nucléaires.

Ce profit, c'est le bénéfice espéré de la vente ultérieure des actions. Actuellement, le montant total des actions Tepco détenues par cet organisme s'élève à mille milliards de yens. On table donc sur une valorisation multipliée par deux et demi à l'avenir, pour atteindre 2 500 milliards de yens. Mais il s'agit de la Compagnie d'électricité de Tokyo, dont on ne sait ce qu'elle va devenir. Si ces actions ne gagnent pas en valeur comme l'espère le gouvernement, le trou devra être bouché avec nos impôts ou notre facture d'électricité. Et puis, comme ce budget repose sur des bénéfices prévisionnels, une source de financement est nécessaire pour couvrir les frais d'ici là. Cette source de financement, c'est la taxe pour la promotion du développement électrique prélevée sur notre facture d'électricité. Dans un cas comme dans l'autre, c'est la population qui paie.

L'arrogance de Tepco

La Compagnie d'électricité de Tokyo, rassurée sur son avenir puisque le gouvernement prendra désormais en charge les coûts de décontamination, a alors proposé, en échange du redémarrage de la centrale nucléaire de Kashiwazaki-Kariwa en juillet 2014, comme prévu par elle[5], une baisse des tarifs de l'électricité dans dix ans. Bref, elle continue à affirmer que la production d'électricité par l'énergie nucléaire est moins onéreuse : c'est aberrant ! Nous aborderons cette question plus en détail ci-dessous. Une baisse des prix de l'électricité ne relève pas du faible coût du nucléaire, mais tout simplement d'une question de gestion de Tepco. La conduite de cette entreprise est vraiment catastrophique.

Le 16 janvier 2014, Naomi Hirose, son PDG, est allé présenter ses vœux au gouverneur de la préfecture de Niigata, Hirohiko Izumida. Il s'agissait d'une rencontre publique, à l'occasion de laquelle M. Izumida a déclaré que le projet de redressement de la Compagnie d'électricité de Tokyo, qui impose aux particuliers de choisir entre le redémarrage des centrales nucléaires et une hausse des tarifs de l'électricité, constituait « un danger moral qui exonérait de leurs responsabilités les actionnaires et les créanciers (les établissements financiers) » ; affranchir de leurs responsabilités ceux qui

[5] Ce calendrier arbitrairement fixé par Tepco n'a bien sûr pas été respecté. Fin novembre 2014, la centrale n'avait toujours pas redémarré et rien ne permet de dire quand cela sera possible.

pèsent sur le processus de décision au sein d'une entreprise revient à affirmer « qu'en cas d'accident, ils n'ont pas à en endosser la responsabilité », a-t-il également estimé, s'inquiétant d'un danger accru pour l'exploitation des centrales nucléaires. Il a aussi souligné le fait que « si la Compagnie d'électricité de Tokyo connaît actuellement des difficultés financières, c'est parce qu'elle a provoqué l'accident (de Fukushima) », et jugé inconcevable un redémarrage des centrales nucléaires sans éclaircissements sur l'accident ni mise en place d'un « système de gouvernance propre à éviter les accidents ».

Il y a eu cette information, aussi : Tepco a annoncé à compter d'avril 2014 la scission des opérations de démantèlement d'avec le reste de ses activités, qu'elle confie à une nouvelle entité dédiée. L'objectif est sans doute d'affirmer, vis-à-vis de l'Autorité de régulation du nucléaire chargée des évaluations avant redémarrage, qu'elle est prête à se concentrer sur la gestion des centrales nucléaires, que les suites de l'accident sont le travail d'une autre entreprise et non le sien.

Par ailleurs, peut-être pour améliorer son image dans les zones sinistrées, Tepco a dévoilé le projet de muter à Fukushima les cadres âgés de plus de cinquante ans au moment de l'accident (*Sankei Shimbun*, 21 décembre 2012). Ils perdront leur statut de cadre, compensé par une prime. À la différence des jeunes employés qui démissionnent, inquiets de l'avenir de l'entreprise et déçus, ces vétérans dynamiques et expérimentés débordent d'énergie, assure Tepco, pour qui leur envoi à Fukushima permettra d'améliorer le moral sur le terrain ; mais dans les faits, ils ne seront sans doute pas mutés là où les risques d'irradiation sont élevés. Et les membres du conseil d'administration ne sont pas concernés.

Le tout est à l'avenant. Les gens « haut placés » de la Compagnie d'électricité de Tokyo, mais aussi les membres du gouvernement et les hauts fonctionnaires japonais, se débrouillent pour éviter la moindre atteinte dans leur chair. Et ils imposent les tâches les plus dures et les plus pénibles à ceux qui ne sont pas en position d'élever la voix, aux plus fragiles. Ils ont toujours fui leurs responsabilités de cette façon. Et aujourd'hui encore, bien qu'en fâcheuse posture pour avoir provoqué l'accident de la centrale nucléaire de Fukushima Daiichi, loin de lâcher prise, ils cherchent à tout prix à s'en sortir sans la moindre égratignure.

Le jour est venu de leur faire perdre cette mauvaise habitude. Pour cette raison aussi, le redémarrage des centrales nucléaires ne doit en aucun cas être accepté.

Les « nouvelles normes », un pas en avant vers le redémarrage des centrales nucléaires

Le redémarrage des centrales nucléaires est avant tout conditionné au respect des nouvelles normes mises en place par l'Autorité de régulation du nucléaire. Ces normes ont pris effet en juillet 2013. Depuis, une demande d'enquête de conformité a été déposée pour seize tranches dans neuf centrales nucléaires, parmi lesquelles celle de Kashiwazaki-Kariwa opérée par la Compagnie d'électricité de Tokyo (tableau 6). Les enquêtes sont en cours pour dix réacteurs dans six centrales nucléaires – Tomari, Ôi, Takahama, Ikata, Sendai et Genkai – ; des insuffisances ayant déjà été constatées dans le réacteur n° 3 de la centrale de Tomari et les réacteurs n°s 3 et 4 de celle de Takahama, des travaux de mise aux normes sont en cours. En janvier 2014, l'Autorité de régulation du nucléaire a annoncé que « la première autorisation pourrait être délivrée dès le printemps » (*Sankei Digital*, 20 janvier 2014).

L'Autorité de régulation du nucléaire se pique de posséder, avec ces nouvelles normes, « les standards les plus stricts du monde ». Pour ma part, je peine à comprendre comment elles ont été établies. S'il faut mettre en place de nouvelles normes, c'est parce que l'accident de la centrale de Fukushima Daiichi a eu lieu, mais à cause des radiations toujours massives il est impossible de pénétrer dans les bâtiments-réacteur. On ignore également si les réacteurs ont été endommagés par le séisme, par le tsunami ou encore pour une autre raison. Dans ces conditions, comment est-il possible d'établir de nouvelles normes ? Il faudra au moins dix ans pour déterminer les causes de l'accident. Durant cette période, définir de nouvelles normes relève de l'impossible, tout comme le redémarrage des centrales.

Exploitant	Centrale et réacteur	Date de dépôt de la demande	Situation
Compagnie d'électricité de Hokkaidô	Tomari, réacteurs nos 1 et 2	8 juillet 2013	Enquête suspendue
	Tomari, réacteur n° 3	8 juillet 2013	Approbation probable (rénovation des circuits de refroidissement en cours)
Compagnie d'électricité du Kansai	Ôi, réacteurs nos 3 et 4	8 juillet 2013	Approbation probable
	Takahama, réacteurs nos 3 et 4	8 juillet 2013	Approbation probable (construction de digues en cours)
Compagnie d'électricité de Shikoku	Ikata, réacteur n° 3	8 juillet 2013	Approbation probable
Compagnie d'électricité de Kyûshû	Sendai, réacteurs nos 1 et 2	8 juillet 2013	Approbation probable
	Genkai, réacteurs nos 3 et 4	12 juillet 2013	Approbation probable
Compagnie d'électricité de Tokyo	Kashiwazaki-Kariwa, réacteurs nos 6 et 7	27 septembre 2013	Enquête arrêtée
Compagnie d'électricité du Chûgoku	Shimane, réacteur n° 2	25 décembre 2013	Enquête en cours
Compagnie d'électricité du Tôhoku	Onagawa, réacteur n° 2	27 décembre 2013	Enquête en cours

Situation à la fin janvier 2014

Source : tableau élaboré à partir de la page « enquêtes de conformité aux nouvelles normes de régulation (centrales nucléaires) » du site de l'Autorité de régulation du nucléaire (situation tirée des articles du *Sankei Digital* du 20 janvier 2014 et de l'*Asahi Shimbun* du 5 février 2014)

Tableau 6 : centrales nucléaires ayant déposé une demande d'enquête de conformité aux nouvelles normes de régulation[5]

[6] Parmi les centrales ayant déposé une demande, le redémarrage de celle Sendai (réacteurs n° 1 et 2), opérée par la Compagnie d'électricité de Kyûshû, a été agréé.

L'espoir semble exister qu'avec de nouvelles normes, les centrales nucléaires seront totalement sûres, mais s'il s'agit de « normes de régulation » et non de « normes de sécurité », c'est parce que l'accident de Fukushima a démontré l'impossibilité d'affirmer la sûreté infaillible d'une centrale. Il s'agit donc de dire non pas « la sécurité est liée au respect de ces conditions », mais « l'agrément est lié au respect de ces conditions ». Et puis, comme on ignore toujours les causes de l'accident, en réalité, il n'y a pas moyen d'adopter des mesures de prévention. De plus, ceux qui ont établi les nouvelles normes et les font appliquer sont précisément les membres de la « mafia nucléaire ». L'Autorité de régulation du nucléaire est une entité créée en septembre 2012 sur les fondements de l'Agence de sûreté nucléaire et industrielle, à laquelle elle a succédé. De ce fait, par exemple, début février 2013, moins de six mois après sa création, on a découvert qu'un membre du bureau de l'Autorité de régulation nucléaire avait secrètement transmis un document interne, un rapport préliminaire d'évaluation des failles sismiques, à la Japan Atomic Power Company (JAPC). Rien d'étonnant à cela. De leur point de vue, ils n'ont fait qu'agir comme avant, sans aucun changement en profondeur.

Une centrale nucléaire étant une gigantesque machine, il existe une multitude de raisons pour lesquelles elle peut tomber en panne. Jusqu'à présent, l'humanité a déjà vécu quatre accidents dus à la fusion du cœur d'un réacteur suivie de rejets radioactifs massifs. Le premier, en 1957, est celui d'un réacteur fabriquant du plutonium dans la centrale de Windscale en Grande-Bretagne, suivi de celui de la centrale nucléaire de Three Mile Island, aux États-Unis, en 1979. Ensuite, il y a eu l'accident de Tchernobyl en URSS en 1986, et celui de la centrale nucléaire de Fukushima Daiichi en 2011. L'accident de Fukushima a été provoqué par un séisme et un tsunami, mais non les trois autres. Ils ont néanmoins tous une cause imprévisible. Donc, si un cinquième accident devait survenir, il aurait encore une autre cause. Ainsi fonctionnent les machines. De ce fait, par exemple, l'Autorité de régulation du nucléaire a exigé une révision à la hausse des prévisions de tsunami dans le cadre de l'enquête de conformité des tranches 3 et 4 de la centrale nucléaire de Takahama, et la Compagnie d'électricité du Kansai se dépêche de construire des digues adaptées ; mais affirmer que « la sécurité est assurée » parce qu'on a porté au maximum les prévisions de tsunami est parfaitement stupide. D'autre part, les nouvelles normes prévoient un sursis pour les équipements relativement longs à construire, comme une deuxième salle de commande, mais puisqu'il est impossible de prévoir la cause, cette salle ne sera peut-être d'aucune utilité en cas d'accident, ou peut-être sera-t-elle utile.

Les accidents se produisent, qu'on le veuille ou non, et lorsqu'il en survient un dans une centrale nucléaire, c'est une tragédie terrible, comme à Fukushima aujourd'hui. L'heure est venue de sortir du nucléaire ; si des mesures doivent malgré tout être adoptées, qu'on refuse au moins de faire redémarrer les centrales jusqu'à leur application. Sinon, qu'on ne s'étonne pas d'entendre dire que les nouvelles normes ne constituent qu'une formalité avant le redémarrage des centrales nucléaires.

La « reconstruction », un cadeau aux maîtres d'œuvre et aux entreprises de construction

Fin septembre 2013 se tenait à Tokyo le Salon international de la décontamination radioactive et du traitement des déchets radioactifs. Ce salon réunit des entreprises et instituts de recherche japonais et étrangers impliqués dans la décontamination et le traitement intermédiaire ou final des substances radioactives, venus présenter leurs technologies et produits. Il s'agit d'une importante manifestation qui attire plus d'une centaine d'entreprises durant trois jours.

Sur la liste des exposants figurent, dans l'ordre alphabétique, d'abord le Français Areva, puis Hitachi, l'Agence japonaise de l'énergie atomique

(JAEA), Japan Atomic Power Company (JAPC), Kajima, Maeda, Mitsubishi Materials, Shimizu, Taisei, Toshiba... bref, au grand complet, toutes les entreprises et institutions ayant jusqu'à maintenant œuvré pour la promotion de l'énergie nucléaire au Japon. Et les opérations de décontamination payées par le gouvernement sont financées par la taxe pour la promotion du développement électrique. Une taxe créée, à l'origine, pour promouvoir le nucléaire. Ceux qui jusqu'ici ont tiré du profit en construisant des centrales nucléaires gagnent maintenant de l'argent grâce à la décontamination, suivant les mêmes principes. Le lobby de promotion de l'atome est toujours bien en place.

Par ailleurs, dans les zones sinistrées où l'État ne gère pas directement la décontamination, les fonctionnaires locaux, en application des directives gouvernementales, confient en priorité les opérations de décontamination aux entreprises locales. Les entreprises de construction de la préfecture de Fukushima chargées de la décontamination vivent, depuis l'accident nucléaire, une « bulle de la décontamination », ce dont elles ont remercié, d'un point de vue objectif, le PLD par un don de 4,88 millions de yens versé en 2012 par l'association du secteur du bâtiment de la préfecture de Fukushima et ses sept branches locales (*Shûkan Asahi*, numéro du 13 décembre 2013).

La décontamination n'est pas seule concernée, dans les zones sinistrées, les projets de construction d'installations publiques, d'appartements, d'infrastructures, etc., bénéficiant de généreux investissements publics sont légion. La reconstruction fait figure, pour les grands maîtres d'œuvre comme pour les entrepreneurs locaux, de cadeau inespéré. Et lorsqu'on reçoit un cadeau, on a bien sûr envie de faire un geste en retour pour s'assurer d'en avoir un nouveau à l'avenir. Dans le projet de budget pour l'année fiscale 2014, le montant du cadeau alloué au business de la décontamination s'élève à environ 500 milliards de yens. Plus quelque 1 700 milliards au titre de la rénovation et la reconstruction urbaines. Soit 2 200 milliards de yens en tout. Inutile de préciser que les luttes de pouvoir autour de ce cadeau pharaonique sont loin d'être terminées.

La décontamination, un gaspillage des deniers publics

La décontamination bâclée dissémine la radioactivité

Les grands maîtres d'œuvre et les entreprises de construction locales chargés de la décontamination, lorsqu'ils décrochent un contrat, confient le travail à des sous-traitants, pour une partie du montant du contrat. Par la même occasion, ils se déchargent aussi de leur responsabilité sur eux. Dès lors, l'entreprise donneuse d'ordre ne se rend plus sur le chantier. L'entreprise sous-traitante aussi délègue à son tour, argent et responsabilité compris, à un autre sous-traitant les tâches qu'elle ne peut ou ne veut pas exécuter. Et ce sous-traitant de niveau 2 se tourne lui aussi vers un sous-traitant de niveau 3… ; voilà comment, du donneur d'ordre au sous-traitant de niveau 1, du sous-traitant de niveau 1 à celui de niveau 2, en même temps que circulent l'argent, le travail et les responsabilités, les sommes versées se réduisent comme peau de chagrin tandis que les tâches grandissent en pénibilité. Elles sont donc de plus en plus morcelées. De ce fait, les responsabilités sont de plus en plus difficiles à établir. Malgré tout, le travail doit bien entendu être achevé dans le temps imparti, et s'il est fini plus rapidement, le profit est d'autant plus important. C'est ainsi qu'à force de chercher à simplifier les tâches et à gagner en efficacité, la décontamination est bâclée.

Par exemple, l'eau servant au nettoyage à haute pression du toit d'une maison individuelle doit être récupérée sans la laisser s'écouler telle quelle, c'est la règle ; mais dans ces conditions, le travail n'avance pas et coûte cher, alors on la laisse dégouliner. On déverse aussi branches et feuilles contaminées dans les rivières, on lave les outils dans les cours d'eau, on jette dans le fossé l'eau boueuse quand on décrotte ses bottes, on se débarrasse n'importe où de la terre contaminée. De nouveaux cas de décontamination bâclée sont constamment rapportés par les médias, mais en matière de décharge sauvage, on a découvert en décembre 2013 une immense décharge illégale creusée très profond dans le jardin d'une maison, avec à l'intérieur des chiffons ayant servi à essuyer des surfaces contaminées, du barbelé, des sacs plastique, des câbles, des bouteilles en verre, mais aussi des armatures métalliques et des morceaux de bois, et même des vélos (*Shûkan Asahi*, numéro du 13 décembre 2013).

D'après l'ouvrier qui a dénoncé ces faits, les horaires de ronde du superviseur et les points qu'il vérifiait étant connus, des « directives secrètes pour bâcler le travail » *ad hoc* avaient été édictées. Le superviseur et l'entreprise de décontamination étaient d'ailleurs de mèche, d'après ses dires (*Shûkan Asahi*, numéro du 20 décembre 2013). Vers le mois de janvier 2013, lorsque de nombreux cas de décontamination bâclée ont été découverts, le ministère de l'Environnement a annoncé l'exclusion des sous-traitants indélicats de ses appels d'offres, mais d'après cet article, aucune des entreprises déjà signalées n'avait encore été écartée.

L'objectif de la décontamination en cours est de collecter et d'isoler les substances radioactives présentes sur les lieux de vie de la population, mais les opérations de décontamination bâclées, loin de l'isoler, disséminent au contraire la contamination. Non seulement cela n'a pas de sens, mais en plus c'est dommageable. Aujourd'hui encore, sans doute, ces moyens continuent d'être employés.

À 20 millisieverts par an, la décontamination est inutile

« Décontaminer » signifie éliminer la contamination, mais à vrai dire, la contamination ne peut être éliminée. Tout ce qu'on peut faire, c'est seulement la déplacer. De ce fait, je préfère parler de transcontamination. Et outre la transcontamination effectuée par l'homme, la nature aussi se charge de déplacer la contamination. Les dépôts radioactifs des montagnes se déplacent vers les vallées, ceux qui ont échoué dans les rivières coulent vers la mer. L'environnement étant à la base un système dans lequel tout est lié, même si la décontamination n'est pas bâclée, certains dépôts radioactifs sont transférés d'un lieu contaminé à un lieu intact. Un lieu déjà contaminé peut ainsi l'être encore plus. Stopper la contamination radioactive est fondamentalement impossible. Dans les faits, à Matsudo (préfecture de Chiba), dans un parc décontaminé, le niveau de radiations a de nouveau dépassé les valeurs admises.

Le gouvernement japonais laisse entendre que la décontamination, à laquelle il consacre de faramineuses ressources publiques, permettra aux habitants de retourner vivre dans les lieux contaminés, mais si l'on voulait réellement décontaminer, il faudrait opérer simultanément dans la totalité des zones concernées. Ce n'est pas réaliste, et la technique actuellement à l'œuvre ne peut donner que des résultats extrêmement limités. Mieux vaut ne pas imaginer que la décontamination va permettre de nettoyer tout cela.

Pour commencer, avec un objectif de 20 millisieverts par an, il n'est pas nécessaire d'investir exprès des sommes folles dans la décontamination. Ce qui pollue aujourd'hui les sols, c'est du césium, dont il existe deux types, le césium 134 et le césium 137. La figure 11 (page 78) montre l'évolution de la dose atmosphérique de rayons gamma en fonction de la seule demi-vie du césium ; au début, le césium 134 (Cs-134) représente près de 70 % du total. Comme sa période radioactive est courte, deux ans, il diminue rapidement, pour disparaître presque complètement en dix ans environ. La contamination au césium, au bout de dix ans, a diminué d'environ 70 %. Si l'on examine les phases intermédiaires, on voit que la moitié de ces 70 % est d'abord évacuée au bout de deux ans, le reste étant de nouveau divisé de moitié deux ans plus tard. Il se sera bientôt écoulé quatre ans depuis l'accident, ce qui signifie que, lorsque quatre années auront passé, la contamination au césium 134 sera tombée au quart de ce qu'elle était. Et pendant ce temps, le césium 137 (Cs-137) aussi diminue, mais dans une moindre mesure. Ainsi, on peut estimer qu'en quatre ans, la contamination au césium sera deux fois moins importante qu'au départ. Ce calcul porte toutefois sur la dose atmosphérique, c'est-à-dire uniquement l'irradiation externe.

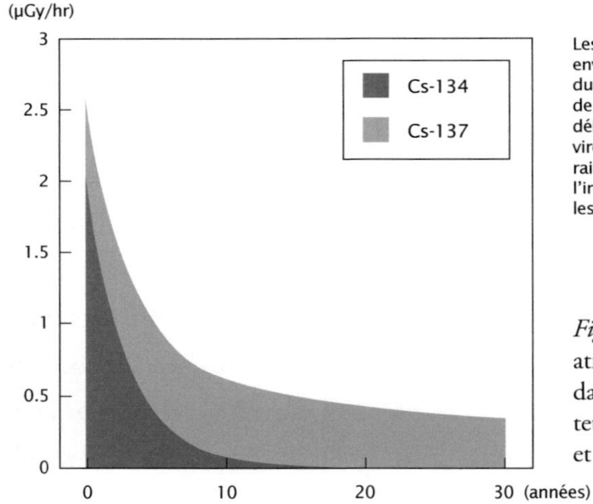

Les rayons gamma émis par le Cs-134 sont environ trois fois plus puissants que ceux du Cs-137. La demi-vie du Cs-134 étant de 2 ans et celle du Cs-137 de 30 ans, au début, l'irradiation est provoquée à environ 70 % par le Cs-134. Cependant, en raison de sa période courte, après dix ans, l'irradiation est principalement causée par les rayons gamma du Cs-137.

Figure 11 : évolution de la dose atmosphérique de rayons gamma dans les zones contaminées à hauteur de 600 000 Bq/m² de Cs-134 et Cs-137 cumulés

Le gouvernement s'apprête à dépenser 2 500 milliards de yens d'argent public pour décontaminer manuellement les zones enregistrant un niveau inférieur à 50 millisieverts par an ; l'objectif est de passer le plus rapidement possible sous la barre des 20 mSv/an afin de permettre aux habitants de se réinstaller, mais la contamination tombera naturellement, hors de toute intervention, à une vingtaine de millisieverts en 2015 pour les zones contaminées à hauteur de 50 mSv/an lors de l'accident, et au bout de quatre ans pour celles où c'est le niveau actuel. Au bout de six ans, elle descendra à 20 millisieverts, et, après dix ans, à 15 millisieverts.

Dose limite d'irradiation interne pour une femme enceinte : 1 millisievert, même pour une travailleuse exposée

Voyons maintenant ce que représente ce chiffre de 20 millisieverts par an ; c'est la dose de radiations – le niveau maximal de rayonnements ionisants reçus par le corps en un an – autorisée par la loi pour les gens dont, comme moi, c'est le métier de manipuler des substances radioactives et qui sont payés pour cela. L'irradiation, même minime, est dangereuse, d'après les conclusions scientifiques actuelles ; même l'exposition à 1 millisievert par an devrait normalement être évitée. Simplement, les travailleurs exposés aux rayonnements ionisants étant rémunérés pour cela, ils sont priés de faire un effort. Cette norme, le gouvernement japonais veut aujourd'hui l'imposer aux particuliers dont ce n'est pas le métier, et qui plus est non pour une durée limitée comme dans le cas d'un emploi, mais 24 heures sur 24, tous les jours, dans leur environnement quotidien, sous prétexte que nous nous trouvons aujourd'hui en état d'urgence.

La dose limite autorisée pour les travailleurs exposés aux rayonnements ionisants est déterminée par la loi dans le « décret sur la prévention des risques liés aux rayonnements ionisants », qui stipule également les points suivants.

Article 6

L'entreprise doit, pour les travailleuses exposées aux rayonnements ionisants dont la grossesse a été confirmée, depuis la déclaration de grossesse jusqu'à l'accouchement (ci-après «pendant la grossesse»), respecter les doses indiquées dans les alinéas suivants pour chaque catégorie de rayonnement et s'assurer que les doses reçues ne dépassent pas la valeur limite fixée dans chaque alinéa.

1. Pour la dose interne efficace, 1 millisievert.

2. Pour la dose équivalente sur la surface du ventre, 2 millisieverts.

Même si c'est son métier, pendant sa grossesse, une femme enceinte ne peut recevoir une dose interne annuelle supérieure à 1 millisievert, et dans le cas où seule la surface de son ventre est exposée, la dose ne doit pas dépasser 2 millisieverts, c'est la loi. Alors qu'une travailleuse exposée aux rayonnements ionisants, enceinte, ne doit pas subir une dose annuelle supérieure à 1 millisievert, il est impensable d'accepter d'y soumettre les femmes enceintes et les enfants des zones sinistrées.

Dans la mesure où des gens sont abandonnés dans les territoires contaminés, il est bien entendu nécessaire d'œuvrer pour limiter leur irradiation. Malgré tout, je suis foncièrement opposé à la décontamination, tant pour une raison de rapport efficacité/coût que parce qu'imaginer pouvoir décontaminer ces zones est une erreur en soi. La priorité aujourd'hui, c'est évacuer les habitants des zones contaminées, les faire s'installer ailleurs.

Pour les victimes, quitter la terre natale, le lieu où l'on a construit sa vie, est une déchirure terrible. Mais un plafond d'exposition de 20 millisieverts par an est parfaitement inacceptable, et même s'il était abaissé à 1 millisievert, il faudrait sans doute plusieurs centaines d'années pour atteindre ce niveau. La terre natale est déjà perdue. Le gouvernement japonais doit annoncer cette triste vérité à la population des zones contaminées. Il doit immédiatement cesser d'entretenir l'illusion d'une possible amélioration par une propagande sans fin sur la décontamination menée par l'État et l'administration. Et il ne faut pas déraciner les individus ou les familles ; l'État doit établir une politique permettant de déplacer chaque localité, chaque communauté dans son entier. Plutôt que d'investir des montagnes d'argent public dans le business de la décontamination et d'engraisser les lobbyistes, protéger la vie de chacun des contribuables qui remplissent les caisses de l'État et consacrer ces sommes à reconstruire leur quotidien serait plus intelligent et plus humain.

Le chemin sans fin du démantèlement

Un travail sur la corde raide

Quelle quantité de radiations dort au fond de la piscine ?

Le 18 novembre 2013, dans la piscine d'entreposage du combustible usé du réacteur n° 4 de la centrale nucléaire de Fukushima Daiichi, les opérations d'évacuation des barres de combustible ont débuté. Le réacteur 4 était à l'arrêt pour maintenance programmée lorsque l'accident s'est produit et la totalité du combustible de son cœur avait été déchargée dans la piscine d'entreposage située à l'étage du bâtiment-réacteur. De ce fait, la fusion du cœur a pu être évitée, mais une importante quantité de combustible repose au fond de la piscine. Concrètement, il s'y trouve 1 331 assemblages de combustible usé et 202 de combustible neuf. Soit en tout 1 533 assemblages. Précisons que pour les réacteurs en activité au moment de l'accident, la première tranche contenait 392 assemblages de combustible neuf et usé, la deuxième 615 et la troisième 566. Un assemblage est un fagot constitué de huit rangées de crayons de combustible sur huit ; chaque crayon ressemble à une mince perche d'approximativement un centimètre (environ 10 millimètres) de diamètre sur environ 4,2 mètres de long (figure 12, page 82).

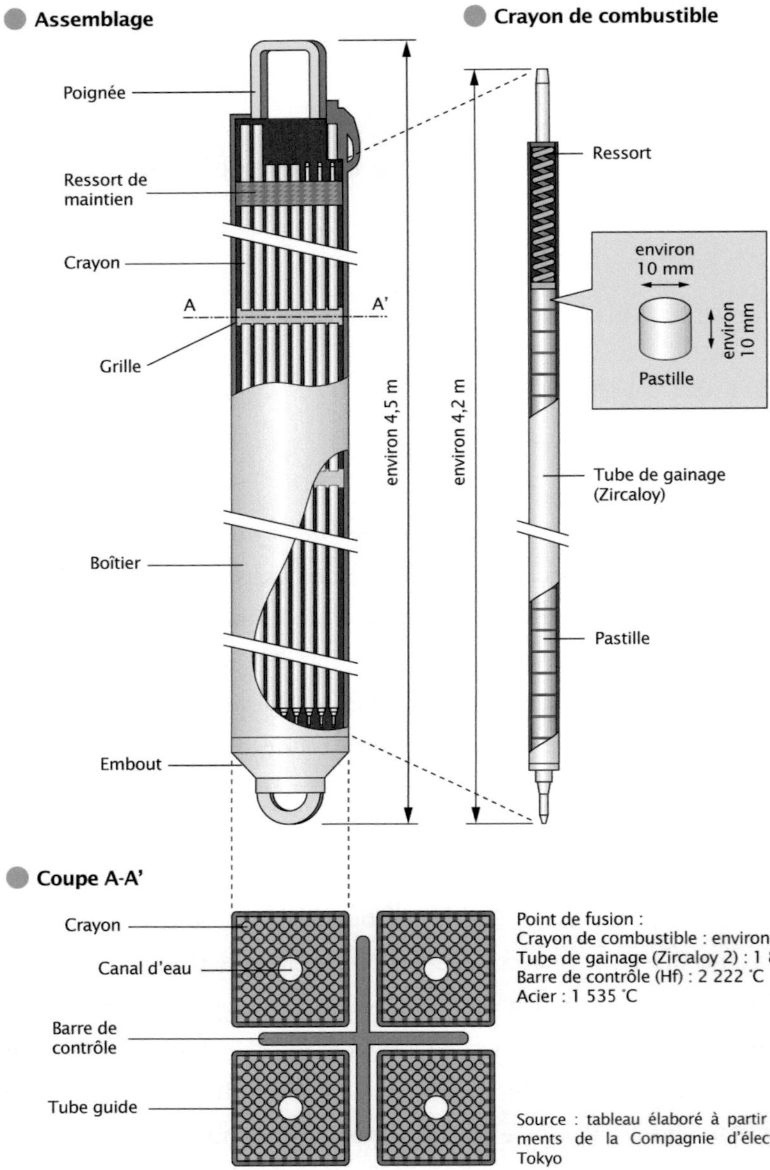

Point de fusion :
Crayon de combustible : environ 2 800 °C
Tube de gainage (Zircaloy 2) : 1 850 °C
Barre de contrôle (Hf) : 2 222 °C
Acier : 1 535 °C

Source : tableau élaboré à partir de documents de la Compagnie d'électricité de Tokyo

Figure 12 : crayon, gaine et assemblage de combustible

Alors, quelle masse de radiations repose dans la piscine d'entreposage du combustible usé du réacteur n° 4 ? Ce combustible ne peut plus être consommé, il est plein à ras bords de produits de fission. Si on l'extrayait tel quel de la piscine, dans l'instant, les personnes alentour tomberaient raides mortes, tant il est dangereux. De plus, il y a 1 331 assemblages. Il y a aussi 202 assemblages de combustible neuf, mais leur niveau de radiation est faible, on peut les toucher à mains nues sans s'exposer à un syndrome d'irradiation aiguë. En juillet 2012, la Compagnie d'électricité de Tokyo a procédé à l'évacuation expérimentale de deux assemblages de combustible neuf afin de vérifier leur état ; c'est précisément parce qu'il s'agissait de combustible neuf que cette opération a été possible.

Pour résumer, la menace est posée par les 1 331 assemblages de combustible usé ; à mon avis, leur volume total de radiations équivaut, si l'on se base sur le césium 137, à 14 000 fois la bombe atomique de Hiroshima. Dans le chapitre précédent, j'ai indiqué que la quantité totale de césium 137 rejetée dans l'atmosphère au moment de l'accident équivalait, selon les données publiées par le gouvernement, à 168 fois la bombe atomique de Hiroshima ; presque le centuple de rayonnements ionisants repose, aujourd'hui encore, au fond de la piscine du réacteur n° 4.

Une urgence : extraire le combustible usé de la piscine du réacteur n° 4

Un autre facteur d'inquiétude pèse sur la piscine d'entreposage du combustible usé du réacteur n° 4. C'est qu'elle se trouve comme en suspens dans les airs. Au moment de l'accident, le réacteur n° 4 était en maintenance programmée, son cœur vide de tout combustible, mais une explosion s'est malgré tout produite dans le bâtiment-réacteur, qui a été fortement endommagé. Les dégâts sont d'ailleurs particuliers ; alors que dans les réacteurs n°s 1 et 3, seul le dernier étage, où se trouve le pont de manutention, a été soufflé par l'explosion, dans le cas du réacteur n° 4, les murs du niveau inférieur ont cédé aussi sous le choc. C'est à l'étage où ces murs ont été soufflés qu'est située la piscine.

Immédiatement après l'accident, les images des pompiers et des forces d'autodéfense en train de déverser d'énormes quantités d'eau sur un bâtiment ont été diffusées ; il s'agissait de la piscine d'entreposage du réacteur n° 4. Si jamais elle avait fui, d'importantes quantités de combustible auraient fondu, entraînant une tragédie terrible. Mais fort heureusement, la piscine en soi n'était pas trop endommagée. Néanmoins, elle aurait pu céder si un autre puissant séisme s'était produit, la situation était très instable. La Compagnie d'électricité de Tokyo, elle aussi inquiète, a entrepris immédiatement après l'accident des travaux de renforcement antisismique d'urgence, mais comme ils ont été faits à la hâte en raison des radiations, des doutes pèsent sur leur solidité, et ils portaient seulement sur une moitié de la piscine, l'autre est toujours en équilibre instable. Aujourd'hui encore, des secousses sismiques secondaires se produisent régulièrement près de la centrale nucléaire de Fukushima Daiichi ; il suffirait d'une plus forte que les autres pour que la piscine d'entreposage du combustible usé s'effondre et que des rejets radioactifs incomparablement plus importants s'en dégagent. Le combustible qui repose dans la piscine du réacteur n° 4 doit donc être transféré dans les meilleurs délais vers un lieu moins dangereux : c'est le but de cette opération.

Une tâche plus compliquée qu'on ne l'imagine

D'après la feuille de route pour le démantèlement présentée par la Compagnie d'électricité de Tokyo, l'évacuation du combustible stocké dans le réacteur n° 4 devait être achevée d'ici la fin 2014. Cette opération doit impérativement être menée à bien, et le plus vite possible. La Compagnie d'électricité de Tokyo aussi, encore plus que moi, doit espérer que les travaux se déroulent sans anicroche, pour s'achever en un an, comme prévu. Mais hélas, je ne pense pas que tout aille forcément sans encombre.

Le déchargement du combustible se fait à l'aide d'une machine de transfert, mais le combustible usé est un amas de substances hautement radioactives. De ce fait, il est impossible de l'exposer à l'air libre. Les opérations doivent se faire sous l'eau. Tout d'abord, on installe au fond de la piscine une énorme machine de transfert métallique (5,6 mètres de long sur 2,1 mètres de diamètre, poids approximatif 91 tonnes) d'une capacité de 22 assemblages de combustible, dans laquelle on transfère un à un les assemblages de combustible usé. Ensuite, lorsque les 22 assemblages ont été transférés, on ferme le couvercle et le conteneur rempli d'eau est hissé hors de la piscine à l'aide d'une gigantesque grue. Il faut deux journées entières pour effectuer ces opérations.

Le conteneur ainsi extrait, après avoir été décontaminé, est chargé sur un camion et transporté jusqu'à la piscine d'entreposage commune distante d'une centaine de mètres. Là, on effectue cette fois l'opération inverse pour extraire le combustible du conteneur, une opération qui prend encore plusieurs jours. En gros, il faut à peu près une semaine pour effectuer un déchargement. En travaillant tous les jours avec deux machines de transfert et sans rencontrer de problème, le travail serait achevé en un an, tel est le calcul de Tepco.

J'espère qu'il en ira ainsi, mais j'en doute. Pour commencer, au cours du chargement des assemblages de combustible usé dans le conteneur de transfert, le risque existe d'en faire tomber un, de l'abîmer en le cognant quelque part, ou même qu'il soit détérioré par les débris tombés dans la piscine lors de l'explosion. Il s'agit après tout d'évacuer non-stop 1 533 assemblages, qui plus est d'une piscine instable et détériorée, une opération sans précédent. Faute d'expérience, rien ne permet d'affirmer que tout ira forcément bien. Si jamais un assemblage de combustible usé chutait en cours de route, il serait dégradé. Il libérerait alors des rejets radioactifs, les ouvriers seraient irradiés et les opérations temporairement suspendues. D'autre part, le transport du conteneur m'inquiète aussi. La cuve pèse, à elle seule, 91 tonnes. Avec 22 assemblages à l'intérieur, son poids avoisinera les 100 tonnes. Si elle venait à tomber pendant le transfert en grue, les rejets radioactifs pourraient être massifs. La résistance du câble pour la soulever est un facteur d'inquiétude ; même si Tepco annonce l'avoir doublé, dans le cas où l'un des deux câbles lâcherait, on ignore si un seul suffira.

De plus, le 15 novembre, juste avant le début de l'évacuation du combustible, la Compagnie d'électricité de Tokyo a annoncé la présence de trois assemblages endommagés dans la piscine du réacteur n° 4. L'un est tordu en forme de V évasé, les deux autres présentent des fuites. L'entreprise se veut rassurante : celui qui est tordu a été installé sur un râtelier de stockage *ad hoc* et les deux qui sont percés seront transportés dans un conteneur déjà testé, pour éviter les fuites de radiations. Mais en fait, ces assemblages avaient été repérés respectivement en 1982, 2006 et 2008. Le révéler maintenant est dans le plus pur style de Tepco ; dans tous les cas, il s'agit de dommages antérieurs à l'accident de Fukushima et il est fort possible que, par ailleurs, une partie des assemblages ait été altérée par les gravats projetés par l'explosion. Et puis, les débris ont beau avoir été retirés, il est impossible d'éliminer jusqu'aux plus petits, et les assemblages encore intacts, même manipulés avec le plus grand soin, peuvent être abîmés lors du déchargement.

S'ils sont tordus ou déformés, pour commencer, ils ne glisseront pas hors de leur râtelier, et même si l'on parvient à les en extraire, rien n'assure qu'ils s'insèreront sans peine dans le conteneur. Et puis, mieux vaut prévoir de se trouver confronté à de nombreuses situations imprévues. Quoi qu'il en soit, il va falloir précautionneusement hisser et transporter sans faillir 1 533 assemblages, un par un, sans les endommager, une opération aussi stressante que de marcher sur une corde raide, et extrêmement périlleuse. Même en admettant que tout se passe bien, cela me semble impossible à accomplir en un an. Et si jamais une difficulté ou une autre se présentait, en fonction de sa nature et de son ampleur, cela pourrait durer dix ans, ou vingt. Bref, c'est le genre d'opération dont on ignore combien d'années elle va prendre.

Et lorsque l'évacuation du réacteur n° 4 sera achevée[7], il faudra réitérer l'opération pour les tranches 1, 2 et 3. Mais les réacteurs n°s 1 à 3 sont entrés en fusion et le niveau de radiations autour des piscines de combustible usé est extrêmement élevé, ce qui ne permet pas, à l'heure actuelle, de s'y atteler immédiatement. Toutefois, la feuille de route prévoit le démarrage des opérations d'évacuation du combustible usé au premier semestre 2015 pour le réacteur n° 3 et au deuxième semestre 2017 pour les réacteurs n°s 1 et 2[8]. Mais ni l'État ni la Compagnie d'électricité de Tokyo ne sont en mesure de fournir des informations concrètes sur le déroulement des opérations.

Le déchargement du combustible usé est une étape de base du démantèlement, mais avant d'achever son évacuation des quatre réacteurs détériorés, combien d'efforts et de temps seront nécessaires, dans un environnement contaminé ? Cela dépasse mon imagination.

Le démantèlement à tâtons

Le combustible fondu, impossible à décharger

Pour démanteler une centrale nucléaire, il faut d'abord décharger le combustible usé. C'est indispensable pour avancer. Cette opération, le premier pas, déjà en cours dans la piscine d'entreposage du combustible usé du réacteur n° 4, risque de poser des difficultés pour les réacteurs 1, 2 et 3

7 Commencée le 18 novembre 2013, l'opération s'est achevée le 20 décembre 2014.

8 D'après la dernière feuille de route rendue publique en juin 2013, le calendrier à moyen et long terme des opérations en vue du démantèlement doit être mis à jour au printemps 2015.

aussi, dont les piscines devront être vidées. Même si l'on parvient un jour à évacuer tout le combustible usé entreposé dans les piscines, celui qui a fondu dans le cœur des réacteurs 1 à 3 sera, lui, à mon avis impossible à extraire totalement.

L'État et la Compagnie d'électricité de Tokyo, sur ce point, tablent sur un démarrage des opérations en 2020 dans le meilleur des cas. Le projet indique que le combustible sera extirpé des cœurs, mais cela me semble infaisable. En effet, comme je l'ai déjà évoqué au premier chapitre dans le cadre de ma proposition de refroidir les cœurs avec du métal, le combustible fondu se présente peut-être, comme l'imaginent l'État et Tepco, sous la forme d'une masse rassemblée en un point, mais cela ne doit pas être tout, il doit aussi être collé un peu partout, et c'est d'ailleurs sans doute le cas pour la plus grande partie.

Et puis, la quantité totale d'uranium qui a fondu atteint 100 tonnes. En termes de volume comme de poids, ces 100 tonnes de combustible nucléaire fondu, on ignore toujours où elles se trouvent. Dans ces conditions, on peut bien tenter de les extraire, il sera de toute façon impossible d'en récupérer 100 sur 100. Par exemple, même si on arrive tant bien que mal à en extraire 50, il en restera 50 inatteignables. Non seulement il sera impossible de tout récupérer, mais le tenter condamnerait à une forte irradiation. Les opérations de déchargement en elles-mêmes seront sans doute irréalisables.

Un sarcophage en dernier recours

De mon point de vue, renoncer à extraire le combustible fondu et l'enfermer tel quel sous un sarcophage en pierre est sans doute la solution la plus réaliste. Il s'agit, comme pour la centrale nucléaire de Tchernobyl, de couler le cœur du réacteur dans du ciment. Cependant, certaines voix s'inquiètent, si le combustible est recouvert d'une chape de ciment, de nouvelles infiltrations qui pourraient causer des problèmes d'eau contaminée ;

c'est également mon avis. En réalité, moi aussi je préférerais pouvoir proprement enlever le combustible, mais cela se traduirait par une irradiation massive des ouvriers, raison pour laquelle il me semble qu'il ne reste qu'à faire une croix sur cette solution.

Comme je l'ai déjà signalé plusieurs fois, cet accident constitue une expérience nouvelle pour l'humanité. Jusque-là, le pire accident nucléaire était celui de la centrale nucléaire de Tchernobyl en URSS, mais le cœur d'un seul réacteur avait fondu. À Fukushima, ce sont les cœurs de trois réacteurs, et le quatrième n'est certes pas entré en fusion, mais le bâtiment est endommagé et la piscine d'entreposage du combustible usé, source potentielle de forts rejets radioactifs, est en suspens dans les airs. Un grave accident sans précédent s'est produit ici, au Japon ; quelles sont les meilleures solutions ? Comment mener le démantèlement ? Dans notre situation, personne ne connaît la réponse à ces questions.

Dans ce cas, à quoi donner la priorité ?

Je m'inquiète pour ceux, y compris des jeunes, qui ne possèdent guère de connaissances sur la radioactivité et se voient chaque jour exposés aux radiations, à travailler dans la spirale des sous-traitants – sous-traitant de niveau 1, de niveau 2... de niveau 10, entend-on même dire. Alors, nous devons choisir des solutions qui leur éviteront d'être davantage irradiés.

L'éternelle lutte contre la radioactivité

Mais pour construire ce sarcophage aussi, combien d'années, de dizaines d'années faudra-t-il ? Je n'en ai pas la moindre idée. Et une fois construit, même s'il est parfait, au bout de trente ans, il sera usé, comme c'est aujourd'hui le cas à Tchernobyl. Alors, par-dessus ce sarcophage, il faudra en construire un deuxième, encore plus grand. Une opération qui devra être renouvelée sur des dizaines, voire des centaines d'années à l'avenir. Tous ces travaux entraînent une exposition aux rayonnements ionisants. Comment y parvenir, et au prix de combien de tragédies, cela dépasse l'imagination. À Tchernobyl, entre 600 000 et 800 000 liquidateurs ont jusqu'à présent travaillé au démantèlement. Et aujourd'hui encore, près de vingt-huit ans après l'accident, plusieurs milliers de personnes y travaillent chaque jour. Telle est la situation après un accident dans un seul réacteur ; à Fukushima, il y a en quatre. Combien de travailleurs et d'années seront désormais nécessaires, je n'en ai pas la moindre idée. Tout d'abord, dans la situation actuelle du Japon, parviendrons-nous à nous assurer la main-d'œuvre nécessaire au démantèlement ?

Je mourrai peut-être moi-même avant d'avoir vu ce sarcophage ; en aucun cas je ne verrai le deuxième. Mais bien longtemps après encore, la lutte sans fin contre les radiations se poursuivra. Pendant des dizaines, des centaines d'années, il faudra continuer à lutter, en se faisant irradier.

J'ai l'impression que beaucoup de Japonais pensent que l'accident de Fukushima est terminé. Et les médias aussi me semblent aller dans ce sens. Cette tendance m'apparaît parfaitement insensée.

Que faire des déchets radioactifs ?

Nouveau report du démantèlement de la centrale nucléaire de Tôkai

Le 18 novembre 2013, alors que débutait l'évacuation du combustible usé de la piscine du réacteur n° 4 de la centrale nucléaire de Fukushima Daiichi, le jour du premier pas vers son démantèlement, par une ironie du sort, la Japan Atomic Power Company (JAPC) annonçait le report des opérations de démantèlement du réacteur de la centrale nucléaire de Tôkai à Tôkaimura (préfecture d'Ibaraki), prévues pour débuter durant l'exercice 2014. C'est la deuxième fois, après un premier report en 2010, que ce démantèlement est repoussé.

La centrale nucléaire de Tôkai, premier réacteur nucléaire commercial du Japon, est entrée en service en 1966 mais, en raison du vieillissement des équipements au terme de trente ans d'exploitation et de sa faible puissance de 166 MW au regard de la taille des installations, sa fermeture a été décidée pour cause de rendement limité. Depuis la mise à l'arrêt en mars 1998, le démantèlement est en cours. Les opérations normales de démantèlement progressent comme indiqué dans la figure 13. Dans le cas de la centrale nucléaire de Tôkai, les premières étapes – arrêt du réacteur, déchargement du combustible usé, décontamination des équipements et des conduits pour réduire les radiations – ont été menées à bien, mais la phase suivante, le démontage de l'intérieur des bâtiments, pose problème.

1. Mise à l'arrêt définitif de la centrale nucléaire

↓

2. Déchargement du combustible usé

↓

3. Décontamination des circuits

   ↓ Les équipements du réacteur et les conduits sont débarrassés des susbtances radioactives dans la mesure du possible

4. Assainissement des installations

   ↓ Les installations sont sécurisées pendant une certaine durée en attendant que la contamination diminue

5. Démolition et déconstruction des équipements intérieurs

   ↓ Les équipements sont démontés et décontaminés, en commençant par les installations connexes (circuit de refroidissement et turbines, etc.) et en finissant par le réacteur (cuve et barres de contrôle, etc.)

6. Démolition et déconstruction des bâtiments

   ↓ La démolition et la déconstruction sont effectuées comme pour tout autre bâtiment

7. Traitement des déchets

NB : plusieurs étapes peuvent être menées en parallèle ou leur ordre inversé.

Source : tableau élaboré à partir du schéma d'un article de l'*Asahi Shimbun Globe* (« L'ère du démantèlement », 21 juillet 2013)

Figure 13 : les étapes du démantèlement

À l'heure actuelle, au Japon, les déchets de démantèlement issus de la démolition d'une installation nucléaire sont considérés comme des déchets à faible radioactivité, gérés par enfouissement. Ces déchets faiblement radioactifs sont classés en trois catégories en fonction de leur niveau de radioactivité – très faible, relativement faible et relativement haut –, catégories soumises à des normes de gestion différentes. Pour se débarrasser des déchets à relativement faible radioactivité, il existe le Centre d'enfouissement des déchets faiblement radioactifs de Japan Nuclear Fuel (JNFL) à Rokkasho (préfecture d'Aomori), qui n'accepte toutefois que les déchets nucléaires générés par une centrale en activité, pas ceux issus d'un démantèlement. Quant aux déchets faiblement radioactifs à très faible et relativement haut niveau de radioactivité, il n'existe pas un seul endroit où les entreposer. Bref, aujourd'hui, les règles de traitement des déchets de démantèlement existent, mais pas les installations.

Confiante en ces règles et en l'existence future de lieux de stockage, la centrale de Tôkai a établi son projet de démantèlement. Que le ministère de l'Économie, du Commerce et de l'Industrie a agréé. Mais à ce jour, aucun lieu de stockage n'a encore été trouvé. Tôkai n'est pas la seule centrale en cours de démantèlement. Le réacteur thermique avancé Fugen à Tsuruga (préfecture de Fukui), les réacteurs n°s 1 et 2 de la centrale nucléaire de Hamaoka de la Compagnie d'électricité du Chûbu à Omaezaki (préfecture de Shizuoka), et enfin, si tout le combustible usé en est évacué sans problème, le réacteur n° 4 de la centrale nucléaire de Fukushima Daiichi aussi seront confrontés, dans un avenir proche, à la même situation – vouloir démanteler, sans le pouvoir. Enfin, à Fukushima Daiichi, le démantèlement des réacteurs n°s 5 et 6 est également acquis, mais étant donné que Tepco entend en faire des installations de formation, leur démolition ne semble pas être à l'ordre du jour.

Le concept d'installation de stockage provisoire

Les déchets de démantèlement ne sont pas les seuls à être privés de lieu de stockage. Pour les déchets nucléaires hautement radioactifs et le combustible usé, autrement plus ennuyeux, mais aussi pour les déchets issus des opérations de décontamination, aucune destination définitive n'est encore prévue. L'État souhaite bien entendu en décider rapidement, mais personne ne se propose pour accueillir éternellement des déchets toxiques d'une telle dangerosité. Alors, l'État a cherché, dans un premier temps, des localités candidates à la construction d'installations de stockage provisoire, qui accepteraient de les accueillir non pas pour l'éternité, mais jusqu'à ce qu'on trouve un lieu définitif ; même ainsi, personne ne s'est manifesté. Pour finir, en ce qui concerne le problème pressant des déchets issus des opérations de décontamination dans la préfecture de Fukushima, l'État a décidé de nationaliser des terrains proches de la centrale de Fukushima Daiichi, où seront construites des installations de stockage provisoire destinées à les accueillir.

Environ 19 kilomètres carrés de terrain, principalement dans les communes de Futaba, Ôkuma, Tomioka et Naraha, devraient être rachetés. Comme l'État avait jusqu'à présent donné espoir aux habitants en leur répétant que si on décontaminait, ils pourraient se réinstaller, quelle n'a pas dû être leur surprise à l'annonce soudaine de ce projet, qui leur laisse sûrement un goût amer.

Cependant, même si je comprends l'émotion de la population, je me dois malgré tout de dire que, pour qui s'occupe de rayonnements ionisants depuis quarante ans, centraliser dans la mesure du possible la gestion de la radioactivité, sans la laisser sortir des zones contaminées, me paraît sensé. Simplement – et je reviendrai plus loin en détail sur cette question –, ce ne sont pas les terrains des riverains qui doivent servir de dépotoir aux déchets radioactifs, mais ceux de la Compagnie d'électricité de Tokyo.

Je souhaite également souligner un autre point. L'État s'est engagé auprès de la préfecture de Fukushima, dans le cadre de la construction des installations de stockage provisoire sur son sol, à « inscrire dans la législation le stockage définitif de la terre contaminée hors de la préfecture dans les trente années suivant la mise en service des installations ».

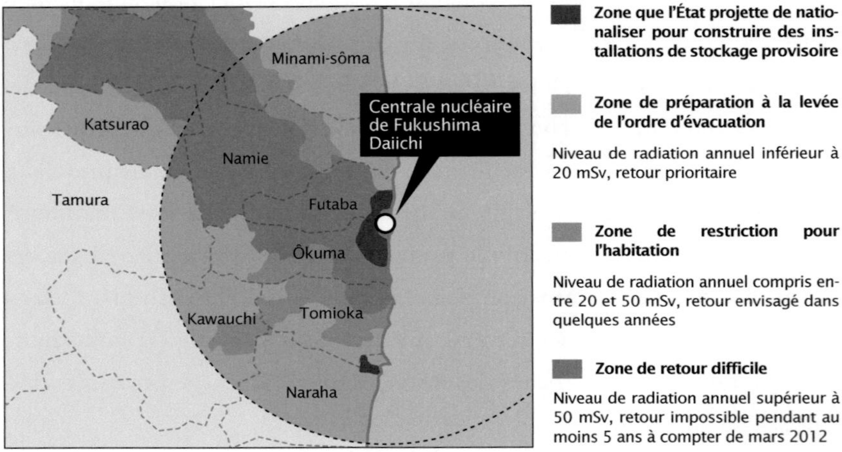

Source : tableau élaboré à partir des cartes publiées dans l'*Asahi Shimbun* (« Le séisme du nord-est du Japon, 1000 jours plus tard », 4 décembre 2013) et le *Fukushima Minpô* (15 décembre 2013)

Figure 14 : les zones que l'État projette de racheter

Une installation de stockage provisoire s'appelle ainsi parce qu'il existe normalement une destination définitive à ce qui y est stocké. Examinons donc dans quelle optique ces installations ont d'abord été construites, au Japon. Les promoteurs de l'énergie nucléaire n'ont toujours pas renoncé au rêve que représente pour eux le cycle du combustible nucléaire. Je reviendrai plus tard sur la nature de ce rêve, mais, pour résumer, il s'agit de tirer de l'uranium consommé dans un réacteur nucléaire (combustible usé) du plutonium (retraitement), qu'on fait proliférer grâce à un surgénérateur – un réacteur nucléaire spécial – pour assurer au Japon, pays pauvre en ressources naturelles, une source infinie d'électricité, et aussi, si possible, utiliser ce plutonium pour fabriquer l'arme atomique…

Au début, il était prévu d'envoyer le combustible usé des centrales nucléaires dans une usine de retraitement, où il serait continuellement traité ; à l'époque, les installations de stockage provisoire n'étaient même pas envisagées. Mais l'usine de retraitement n'a jamais fonctionné. Donc, le combustible usé s'est rapidement entassé dans les centrales nucléaires. Alors, faute d'autres choix, il a fallu envisager de construire quelque part un endroit où le stocker temporairement, voilà comment est venu au secteur du nucléaire le concept d'installation de stockage provisoire. Puisque, strictement parlant, le combustible usé stocké devait finir par être envoyé à l'usine de retraitement, ce nom a été choisi pour signifier que l'entreposage était temporaire.

C'est par exemple le cas de l'installation de stockage provisoire de la municipalité de Mutsu (préfecture d'Aomori). On peut y stocker 5 000 tonnes de combustible usé mais, bien qu'il s'agisse d'une installation provisoire, le stock le plus ancien date d'il y a cinquante ans. La destination finale, l'usine de retraitement de Rokkasho, est censée être achevée en octobre 2014, mais comme ce projet a déjà été reporté plus de vingt fois, rien n'est moins sûr[9]. Et la mise en service du surgénérateur Monju n'est toujours pas d'actualité. Le cycle du combustible nucléaire est déjà en faillite. De ce fait, même en admettant que l'usine de retraitement de Rokkasho entre en service et que, d'autre part, le volume de combustible usé cesse d'augmenter si les centrales restent à l'arrêt, le combustible usé entreposé à Rokkasho risque fort d'y rester encore. En un mot, et je n'ai cessé de lancer l'alerte sur ce point, les installations de stockage provisoire vont devenir des installations de stockage définitif. Donc, à Fukushima aussi, l'État insiste sur le caractère « provisoire » en assurant que la terre contaminée sera envoyée dans d'autres

---

[9] L'achèvement des travaux est maintenant prévu pour mars 2015 et la mise en service repoussée à mars 2016.

préfectures d'ici trente ans, et que cela sera inscrit dans la loi, mais puisqu'il n'existe pas d'installation définitive, il n'y a aucune raison pour que le provisoire continue à l'être. Par-dessus tout, le gouvernement japonais, ayant la fâcheuse habitude de revenir sans scrupules sur les lois qu'il a édictées lui-même dès lors qu'il ne parvient pas à les appliquer, suscite la méfiance. À mon avis, le provisoire durera et si les déchets de la contamination et de l'atome sont accueillis quelque part, ils y resteront éternellement. Enfin, on parle de retraitement, mais les substances radioactives, quoi qu'on leur fasse subir, ne peuvent être éliminées. Ce n'est pas non plus parce qu'on les rassemble en un endroit qu'elles disparaîtront ; fondamentalement, elles ne peuvent être ni traitées ni supprimées. Tout ce qu'on peut faire, c'est les surveiller pour l'éternité.

À propos du stockage en couche géologique profonde des déchets hautement radioactifs et du combustible usé

C'est en 1942 que les humains ont pour la première fois fait fonctionner un réacteur nucléaire, lorsque les États-Unis ont fabriqué la bombe atomique. Comme on savait déjà qu'un réacteur nucléaire produisait des substances radioactives – les produits de fission – et qu'il fallait à tout prix les éliminer, les travaux de recherche ont immédiatement débuté. Depuis, plus de soixante-dix années se sont déjà écoulées, pendant lesquelles l'humanité a continué à croire que tout finirait par s'arranger, que les progrès de la science permettraient de trouver une solution, mais hélas, l'humain ne sait toujours pas se débarrasser des substances radioactives qu'il a créées. C'est pourquoi il est d'abord important de ne pas générer davantage de substances radioactives dont on ne sait que faire ; à mon avis, il importe donc avant tout d'arrêter les centrales nucléaires. Toutefois, le Japon a déjà produit l'équivalent de 1,2 million de fois la bombe atomique de Hiroshima en déchets radioactifs, dont il va falloir s'occuper.

Dans la mesure où il est impossible de les neutraliser, la seule solution est de les isoler de notre environnement de vie. La question du confinement des déchets nucléaires hautement radioactifs et du combustible usé, déjà discutée au niveau mondial, a débouché sur des propositions – les envoyer dans l'espace, les conserver dans les glaces antarctiques ou encore les immerger –, toutes interdites par la législation internationale. Il ne reste donc plus qu'à les stocker sur la terre ferme, c'est-à-dire, dans l'état actuel d'avancement technologique, dans des conteneurs de type « Castor ». Mais comme ces équipements sont terriblement coûteux, actuellement, les promoteurs de l'énergie nucléaire au Japon misent sur l'enfouissement à une grande profondeur des déchets confinés dans du verre, un choix qui leur paraît suffisant. C'est ce qu'on appelle le stockage en couche géologique profonde. Mais je ne pense pas que cela soit si facile.

Car, après avoir été enfouis, combien d'années les déchets radioactifs doivent-ils rester en sous-sol ? Cent mille ans, voire un million d'années. Dans le pays du monde le plus sujet aux séismes, il n'existe pas un seul endroit qui puisse le garantir. D'ailleurs, le 11 septembre 2012, le Conseil des sciences du Japon, en quelque sorte le Parlement des scientifiques japonais, a présenté ses conclusions, à savoir que « l'enfouissement des déchets nucléaires n'est pas approprié ».

Malgré tout, même poussé dans ses retranchements, le gouvernement japonais ne renonce pas tant il est convaincu qu'il n'existe d'autre solution que le stockage sous terre. Le 28 octobre 2013, le ministère de l'Économie, du Commerce et de l'Industrie a créé une commission de travail chargée de réévaluer la fiabilité des technologies de stockage souterrain. Quelques mois plus tard, un article découvert dans un magazine m'a laissé sans voix. En voici, pour commencer, un extrait dans lequel Tadashi Narabayashi, professeur de troisième cycle à l'université de Hokkaidô, affirme que l'ancien premier ministre Junichirô Koizumi, aujourd'hui favorable à la sortie du nucléaire, se trompe lorsqu'il dit que « les centrales nucléaires sont inacceptables parce que le stockage sous terre des déchets atomiques est impossible », et explique pourquoi il fait erreur.

> *(Au Centre de stockage et de gestion des déchets nucléaires hautement radioactifs de Rokkasho) les substances vitrifiées, des déchets fondus dans du verre, sont conservées dans des rangées de conteneurs en acier hermétiquement fermés. Il est prévu de les enfouir après les avoir laissé refroidir quarante ans. Car les substances radioactives ont une demi-vie, au bout de quarante ans, la radioactivité et la chaleur émises tombent à un millième de leur niveau antérieur, et on peut enfouir ces colis sans risque ; bref, ces déchets sont bel et bien entreposés. [...]*
>
> *Vitrifiés, ils peuvent être stockés pendant 100 000 ans, d'où ce chiffre, qui ne signifie pas pour autant qu'ils doivent être stockés cent mille ans, mais M. Koizumi ignore l'existence de ces technologies de stockage. Il ne semble pas non plus savoir qu'au bout de trois mille ans, la puissance radioactive décroît au millionième, elle n'est plus qu'une dizaine de fois celle du minerai d'uranium que l'homme peut toucher à mains nues.*
>
> Extrait de l'article « La «sortie du nucléaire» prônée par l'ancien premier ministre Koizumi, une déclaration fâcheusement puérile », *Shûkan Shinchô* (numéro double des 2 et 9 janvier 2014)

M. Narabayashi est quelqu'un qui, après l'accident de la centrale nucléaire de Fukushima Daiichi, a affirmé que « si cela avait été [lui], l'accident aurait été facilement maîtrisé », et j'ai été sidéré de constater qu'il continuait à mentir ainsi. Pour commencer, les « déchets fondus dans du verre » désignent les produits de fission issus du retraitement du combustible usé effectué en France pour en extraire l'uranium et le plutonium. Comme ils contiennent aussi des substances à la demi-vie relativement courte, au bout de quarante ans, il est vrai que leur radioactivité tombe à un millième de ce qu'elle était. Mais même à un millième, ces rayonnements ionisants peuvent encore aisément tuer quelqu'un qui s'en approcherait. Rien ne permet d'affirmer qu'on peut les enfouir sans crainte.

De plus, quant aux technologies permettant de stocker les déchets vitrifiés pendant cent mille ans, la science n'est hélas pas en mesure de garantir quoi que ce soit sur une période aussi longue. C'est bien pourquoi le Conseil des sciences du Japon a jugé inapproprié le stockage géologique des déchets hautement radioactifs.

Venait ensuite un commentaire de Tetsuo Sawada, maître de conférences à l'université de technologie de Tokyo.

> *Dernièrement, j'ai parlé du problème des déchets nucléaires devant des collégiens. Quand je leur ai expliqué que les déchets issus des centrales nucléaires représentaient, par habitant, environ la taille de la paume de la main, mais qu'il n'existait pas d'endroit où les jeter, les idées ont fusé. Les jeter dans l'espace, au fond de la mer... Si c'est si petit que cela, chaque foyer devrait en stocker une part, a même suggéré un élève. Cette proposition, bien que difficilement réalisable, pourrait déboucher sur l'idée que la capitale, qui a consommé la grande majorité de l'électricité fournie par les centrales nucléaires, récupère les déchets et centralise leur gestion. Si nous avions le civisme de ces collégiens, on trouverait une solution.*
>
> Extrait de l'article « La «sortie du nucléaire» prônée par l'ancien premier ministre Koizumi, une déclaration fâcheusement puérile », *Shûkan Shinchô* (numéro double des 2 et 9 janvier 2014).

S'agit-il ici d'un cours donné dans un collège, je l'ignore, mais je suis d'accord avec l'idée que la capitale récupère les déchets nucléaires. En revanche, si l'on explique que les déchets nucléaires sont aussi petits que la paume d'une main, il faut également préciser qu'ils sont tellement toxiques qu'on meurt à l'instant où on les prend au creux de la main, sinon les enfants n'intégreront pas des connaissances correctes sur la radioactivité. Avec des explications aussi insuffisantes, il ne faut pas s'étonner d'être accusé de désinformation.

M. Narabayashi comme M. Sawada a jusqu'à présent toujours soutenu que « l'énergie nucléaire est sûre », qu'« il n'y aura jamais de catastrophe », ils ont répandu des informations et des notions mensongères, pour le moins sujettes à caution. Et bien que l'accident de la centrale nucléaire de Fukushima Daiichi ait démenti leurs allégations, ils persistent à laisser croire, sans égard pour la souffrance des sinistrés de Fukushima, qu'on peut facilement se débarrasser des déchets nucléaires, alors que c'est faux. En tant que confrère, je trouve cela terriblement embarrassant. *Mais celui qui ferme les yeux au passé finirait par devenir aveugle au présent.* (Extrait du discours prononcé le 8 mai 1985 par Richard von Weizsäcker, président d'Allemagne de l'Ouest.)

Alors, que faire des déchets nucléaires hautement radioactifs et du combustible usé ? Il me semble que dans l'immédiat, continuer à les stocker en surface, en conteneurs de type Castor, dans des lieux comme les installations de stockage temporaire, est, toutes proportions gardées il s'entend, la solution la plus rationnelle. Les questions économiques doivent être écartées. Quoi qu'il en coûte, il est de notre devoir d'éviter de causer des dommages aux générations futures. Pour autant, il n'existe hélas pas à l'heure actuelle de méthode absolument, indubitablement sûre. Face à cette vérité incontournable, le moindre mal me semble être de continuer à stocker ces déchets en les surveillant de près, c'est le seul choix qui s'offre à nous.

Les critères de choix des lieux de stockage définitif

Le principe du retour des déchets à leur propriétaire

Le gouvernement japonais cherche aujourd'hui désespérément un endroit où enfouir les déchets de l'atome. Pour la construction des lieux de stockage des déchets radioactifs issus de la décontamination dans la préfecture de Fukushima, la volonté de nationaliser des terrains proches de la centrale nucléaire de Fukushima Daiichi atteste d'une récente évolution de la ligne de conduite de l'État ; face à l'échec du système d'appel à candidatures public mis en œuvre jusqu'à présent pour trouver des lieux de stockage définitif, l'État a décidé de désigner désormais lui-même des localités. Il s'est d'abord lancé dans le choix des lieux de stockage définitif des « déchets désignés » contaminés par l'accident de la centrale nucléaire de Fukushima Daiichi, aujourd'hui temporairement entreposés dans onze préfectures. Les déchets désignés sont des déchets radioactifs d'une dose supérieure à 8 000 becquerels par kilo, dont le volume total, d'après un article de l'*Asahi Shimbun* daté du 21 janvier 2014, atteignait à la fin août 2013 quelque 132 000 tonnes.

Le ministère de l'Environnement prévoit de construire un lieu de stockage définitif dans chacune des cinq préfectures de Miyagi, Ibaraki, Tochigi, Gunma et Chiba, projet pour lequel ont été sélectionnés, en janvier 2014, des terrains nationaux dans trois localités de Miyagi, les premières candidates choisies. Parmi les terrains nationaux et préfectoraux susceptibles d'accueillir un lieu de stockage définitif, le choix de ces localités est semble-t-il déterminé par un barème tenant compte de la distance jusqu'aux zones d'habitat et aux sources aquifères, ainsi que des possibilités de préservation de l'environnement ; les élus locaux se sont fermement opposés à ce projet. Devant leur réaction, le gouverneur de la préfecture de Miyagi, Yoshihiro

Murai, a exprimé sa compréhension, voyant là « une réaction normale en tant qu'élus représentant une localité » (NHK News Web, 20 janvier 2014), tout en acceptant d'accueillir des déchets fortement contaminés dans l'une des trois destinations retenues.

Pour ma part, je considère cependant que nulle localité ou administration ne doit accepter les déchets radioactifs générés par l'accident de Fukushima. Je réaffirme ici mes principes de gestion des déchets radioactifs : 1/ là où ils se trouvent, 2/ les compacter le plus possible, 3/ et les confiner sans les mélanger à autre chose.

Les déchets radioactifs étant déjà dispersés sur une large zone, il est impossible de les confiner sur place. Dans ce cas, il convient de les collecter et de les entreposer dans le lieu d'où ils émanent. Ce lieu, c'est celui où s'est produit l'accident, la centrale nucléaire de Fukushima Daiichi gérée par la Compagnie d'électricité de Tokyo. Les substances radioactives disséminées au loin se trouvaient, à l'origine, dans ces réacteurs nucléaires. Il faut donc les y rapporter. La contamination vient fondamentalement des substances radioactives issues des réacteurs nucléaires de la centrale de Fukushima Daiichi, qui sont incontestablement la propriété de la Compagnie d'électricité de Tokyo ; il me semble donc juste de lui rendre son bien. Néanmoins, il faudrait normalement les rapporter dans l'enceinte de la centrale, mais cet endroit étant actuellement le théâtre du combat de multiples travailleurs contre les radiations, il est sans doute impossible d'y ajouter des substances radioactives supplémentaires. Je propose donc d'utiliser l'immense enceinte de la centrale nucléaire de Fukushima Daini, située juste au sud, pour stocker les déchets radioactifs. Afin d'éviter, dans la mesure du possible, de disperser la contamination hors des zones touchées, au lieu de les confier à diverses localités et préfectures un peu partout au Japon, il me paraît souhaitable d'étudier la possibilité de les rendre à Tepco.

En particulier, alors que l'accident de la centrale nucléaire de Fukushima Daiichi n'est pas maîtrisé, Tepco envisage déjà le redémarrage de celle de Fukushima Daini. Après avoir imposé de telles souffrances à des centaines de milliers, des millions de riverains, qu'elle seule s'en sorte indemne et fasse redémarrer une centrale nucléaire ne me paraît pas juste. La centrale nucléaire de Fukushima Daini devrait tout d'abord servir de décharge aux déchets radioactifs. Et si la place manque, puisque Tepco possède un autre immense terrain, celui de la centrale nucléaire de Kashiwazaki-Kariwa, qu'on le transforme aussi en dépotoir.

Pour des appels à candidatures justes et transparents

Délaissons la question du lieu de stockage définitif des déchets contaminés par l'accident de Fukushima pour en revenir aux déchets nucléaires présents au Japon. En effet, pour s'en occuper, il faut bien construire quelque part un lieu de stockage définitif. Je m'oppose à la désignation par l'État des localités appelées à stocker les déchets. Un appel à candidatures doit être organisé, comme c'était le cas jusqu'à présent. Toutefois, jusqu'ici, le processus pouvait sembler démocratique, mais en réalité, les candidatures émanaient principalement de localités financièrement exsangues. Cela n'est pas souhaitable. Alors, comment choisir ? Pour commencer, les informations liées au nucléaire sont monopolisées par un certain nombre de personnes qui, lorsqu'elles fournissent des explications, le font à sens unique, ce n'est pas équitable. Lorsqu'une localité se propose de faire acte de candidature, les opposants aussi doivent être conviés aux réunions d'explication afin que les habitants bénéficient des deux points de vue, celui des partisans et celui des opposants.

Ensuite, même si le choix se fait par appel à candidatures, il ne s'agit pas de simplement réunir des candidatures de façon indiscriminée, des spécialistes doivent déterminer scientifiquement quels lieux sont adaptés.

Par exemple, je suis personnellement toujours convaincu du bien-fondé du stockage en surface, mais si l'État persiste dans son projet de stockage géologique, le principal critère pour enfouir les déchets hautement radioactifs et le combustible usé, c'est l'état de la couche géologique. Il sera d'abord nécessaire de largement enquêter pour trouver, parmi les conditions géologiques présentes au Japon, l'endroit le plus approprié.

D'autre part, il faut également s'interroger, sous un angle sociologique, sur la responsabilité des régions grandes consommatrices d'électricité comme Tokyo par exemple, et étudier les possibilités de stockage à Tokyo ou Osaka, et voir si ces lieux sont appropriés ou non, le tout dans la transparence. La méthode qui a prévalu jusqu'à présent est celle des partisans du nucléaire, qui se bornent à affirmer « il n'y a aucun danger », « assumer ce rôle est un honneur », « c'est utile à la protection de l'environnement aussi ».

Le stockage définitif des déchets hautement radioactifs et du combustible usé s'accompagne forcément de risques. Qu'il se fasse en couche géologique profonde ou en surface, quelle que soit la technique choisie, les générations futures auront inéluctablement à en assumer le poids. J'espère que le choix ne se fera pas comme jusqu'à présent, mené par l'État et les lobbies à coup d'explications arbitraires, en imposant, contre de l'argent, tout et n'importe quoi aux régions rurales désertifiées.

Questions/réponses sur les moyens de se protéger de la radioactivité

L'alimentation

Y a-t-il moyen de mesurer chez soi le niveau de becquerels des légumes, par exemple ? Serait-il possible de l'évaluer à l'œil nu ?

Hélas, c'est impossible. Au Japon, beaucoup de personnes ont acheté des appareils de mesure dans cette optique. Aujourd'hui encore, certaines tentent d'effectuer ces mesures, mais il est fondamentalement impossible d'évaluer le niveau de contamination des aliments avec ce type d'appareils. Mesurer précisément les substances radioactives est extrêmement difficile. Mieux vaut ne pas penser que c'est à la portée des particuliers. Les mesures doivent être réalisées par des professionnels.

Un peu plus de deux ans après l'accident de la centrale nucléaire de Fukushima Daiichi, je me suis rendu à Minami-sôma (préfecture de Fukushima), une zone contaminée. Les gens y mènent une vie parfaitement normale. Pourtant, là-bas, les rayonnements ionisants sont tellement forts que les environs devraient être désignés « zone de radioprotection contrôlée ». Mais les gens vivent normalement, et les enfants aussi.

Notre existence est tributaire de l'information génétique, elle-même dépendante de l'ADN, qui effectue des liaisons moléculaires d'une énergie de l'ordre de quelques électrons-volts. En comparaison, l'énergie émise par les rayonnements ionisants, par exemple celle des ondes gamma du césium 137, 661 000 électrons-volts, est plusieurs centaines de milliers de fois plus élevée. Il arrive à tout le monde de s'enrhumer et de voir sa température corporelle s'élever d'un degré. On n'en meurt pas pour autant. Mais sous l'effet de l'énergie des rayonnements ionisants, il suffit que la température corporelle augmente de deux millièmes de degré pour détruire l'information génétique et entraîner une mort certaine. On dit souvent que les radiations ne sont pas perceptibles par les cinq sens. Ce que nous appelons « radiations » devrait être plus justement nommé « substances radioactives ». Puisqu'il s'agit de substances, elles possèdent une forme, et une couleur aussi. Dans certains cas, on devrait même sentir leur odeur. Mais comme les radiations sont extrêmement toxiques pour le vivant, en présence d'une quantité telle qu'elle serait perceptible par les cinq sens, l'homme ne peut rester en vie. Les rejets atmosphériques de césium 137 lors de l'accident de la centrale nucléaire de Fukushima Daiichi représentent un total de cinq kilos seulement, dont à peine un kilo de retombées radioactives sur l'immense territoire des régions du Tôhoku et du Kantô. Il est impossible de les voir à l'œil nu. Voilà ce à quoi nous sommes confrontés, une substance parfaitement invisible, et impossible à mesurer aisément.

Les repas des cantines scolaires font-ils l'objet de mesures correctes ?

Effectuer des mesures fiables du degré de contamination de la nourriture servie relève de la responsabilité de l'administration ou des collectivités locales ; en cas de doute, il convient de se renseigner, et s'il apparaît que les mesures manquent de fiabilité, il faut faire pression. Les mesures ne doivent pas porter sur tous les aliments ensemble, mais être effectuées avec précision pour chacun, pris séparément – riz, viande et chaque type de légume, concombres, tomates, carottes, épinards... –, afin d'engranger les informations sur le degré de contamination de chaque denrée. C'est la procédure adéquate.

D'autre part, les personnels impliqués dans la préparation des repas doivent avant tout prendre conscience que dans leur travail, il est important de minimiser l'irradiation des enfants. Même s'ils en ont conscience, vu que l'État s'acharne à assurer que les aliments sont sûrs jusqu'à 100 becquerels par kilo et que les repas scolaires relèvent des attributions des collectivités locales, il n'est sans doute pas évident de défier les directives nationales, mais j'espère que les personnels sur le terrain, au moins, prennent toutes les précautions possibles pour protéger les enfants, particulièrement sensibles aux radiations. Les repas scolaires sont destinés à des enfants en pleine croissance, dont la division cellulaire est active.

On entend dire qu'il faut donner aux enfants les aliments les moins contaminés ; quel est le niveau de contamination acceptable ?

Lorsqu'on fixe un niveau, les gens sont convaincus qu'au-delà, il y a danger, et qu'en deçà, c'est sûr ; pour ma part, je suis opposé à l'établissement de normes. L'État affirme qu'il n'y a pas de danger en dessous de 100 becquerels par kilo, mais 100 becquerels, ou 99, ou 90, ou 50, ou 10 becquerels même, c'est dangereux. Parce qu'avant l'accident de la centrale nucléaire de Fukushima Daiichi, la quasi-totalité des denrées alimentaires du Japon ne contenaient que 0,1 becquerel de césium par kilo.

En matière de choix des aliments les moins contaminés possible, que penser, par exemple, d'un plafond de 10 becquerels ? C'est mieux que 100 becquerels, mais accepter ce niveau, c'est admettre une contamination cent fois plus élevée qu'avant l'accident. Si possible, j'aimerais que les enfants et les nourrissons n'aient pas à ingérer 10 becquerels. Alors, quelle est la limite acceptable ? C'est une question extrêmement délicate mais, dans la mesure du possible, il faut tendre à un niveau de 0,1 ou 0,5 becquerel, proche de celui d'avant l'accident. L'État autorise une contamination mille fois supérieure à la période antérieure, rien d'étonnant à ce que tout le monde soit inquiet. Certaines voix critiquent mes propos sous prétexte qu'ils alimenteraient une peur infondée, mais les dégâts sont bien réels.

Équipement domestique et environnement

Les substances radioactives sont-elles éliminées par les filtres à eau ?

La figure 15 présente sous forme de graphique les mesures de la concentration atmosphérique en iode radioactif 131 effectuées par mes soins à l'Institut de recherche sur les réacteurs nucléaires de l'université de Kyoto, situé à Kumatori (préfecture d'Osaka), après l'accident de Tchernobyl en avril 1986. La ligne de points noirs, en bas, représente les données obtenues avec un filtre en papier et celle du haut, composée de carrés, avec un filtre au charbon (charbon actif). Si les niveaux relevés baissent de jour en jour, c'est parce que la demi-vie de l'iode radioactif 131 est courte, huit jours. La comparaison des valeurs approximatives de ces deux lignes permet de constater que le filtre au charbon capture cinq fois plus d'iode que celui en papier. Le charbon actif possède ainsi des propriétés absorbantes applicables à diverses substances, dont l'iode, pour lesquelles il est utilisé dans les systèmes d'évacuation des effluents et de climatisation des centrales nucléaires.

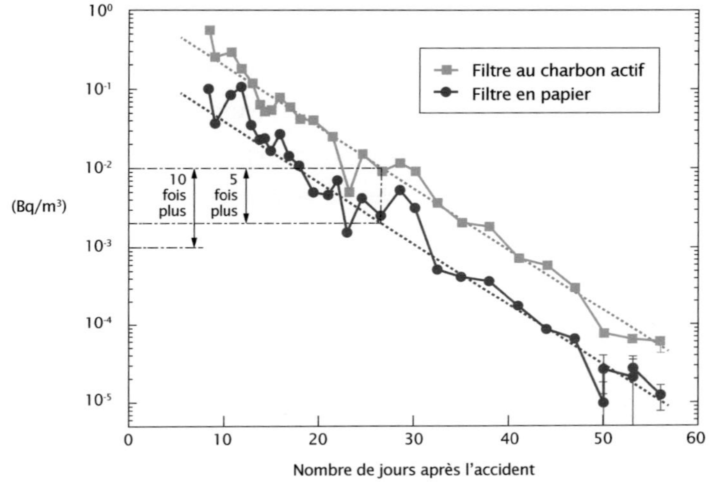

Figure 15 : concentration atmosphérique d'iode radioactif 131 mesurée à l'Institut de recherche sur les réacteurs nucléaires après l'accident de Tchernobyl

Espérant qu'un filtre à eau au charbon actif éliminerait en partie l'iode radioactif, j'ai procédé à une expérience. Chez des particuliers où une contamination du lait maternel avait été détectée immédiatement après l'accident de Tchernobyl, j'ai installé des filtres au charbon actif destinés à débarrasser l'eau du robinet de l'iode radioactif, entre autres substances, dans l'espoir de purifier le corps de la mère et, en même temps, d'obtenir une eau propre pour préparer les biberons de lait en poudre. Après environ un mois d'utilisation des filtres, je les ai récupérés pour mesurer les substances radioactives, mais hélas mes espoirs ont été déçus : le charbon actif n'avait montré aucune efficacité.

Dans l'impossibilité d'évacuer, je vis dans une zone où le débit de dose est élevé. Comment faire pour protéger mes enfants ?

Il existe deux types d'irradiation, interne et externe, contre lesquels il convient de se protéger.

Voyons d'abord l'irradiation externe, qui survient lorsqu'on séjourne ou qu'on touche des objets dans un lieu où le débit de dose est élevé. Donc, pour se prémunir contre l'irradiation externe, les lieux où évoluent les enfants doivent être nettoyés. Par exemple, les établissements scolaires. La couche de terre superficielle de la cour des écoles doit être ôtée et éliminée, de même dans les jardins d'enfants. Ensuite, si les enfants jouent au parc, la terre du parc doit être grattée sur quelques centimètres et transportée ailleurs. Il en va de même pour le jardin d'une maison individuelle, si les enfants y jouent à se rouler par terre, mieux vaut racler le sol. Sans oublier de minutieusement faire la chasse aux « particules noires » précédemment évoquées.

Toutefois, ces précautions sont difficiles à mettre en œuvre pour un particulier. De plus, dans les régions fortement contaminées, il ne s'agit pas de protéger seulement son ou ses enfants, mais tous les enfants. Dans cette optique, demander à l'administration de s'en charger est le premier pas à accomplir.

Passons à la contamination interne, causée par la pénétration de substances radioactives dans le corps, principalement par la respiration et la nourriture.

Pour éviter la contamination par inhalation, le port du masque chirurgical est la seule solution. Mais c'est durant les deux semaines après l'accident que d'énormes quantités de substances radioactives ont flotté dans l'air. À ce moment-là, la situation était grave, elle l'est moins aujourd'hui. Porter un masque chirurgical est relativement désagréable, et je ne peux imaginer des enfants jouer avec un masque sur le visage. Dans la situation actuelle, cela ne m'apparaît pas indispensable. Néanmoins, les jours de fort vent ou bien lorsque les enfants jouent dans des endroits poussiéreux, les substances radioactives déposées sur le sol entrent en suspension. Dans ces cas-là seulement, il est recommandé d'en porter un. Mais en réalité, le masque chirurgical ne constitue pas un filtre aussi efficace qu'on l'espère. Un masque épousant parfaitement le visage serait plus adapté, mais, outre qu'il est onéreux, il rend la respiration difficile. Pour résumer, comme les masques courants laissent passer l'air, mieux vaut ne pas trop espérer dans leur efficacité.

Enfin, en ce qui concerne l'irradiation par ingestion, bien entendu, la seule solution est de choisir des aliments le plus faiblement contaminés possible. Pour les repas pris à la maison comme à la cantine scolaire, une gestion stricte des denrées alimentaires est cruciale.

La vie quotidienne

Hors des zones contaminées, faut-il encore se méfier de la pluie ?

J'aimerais vous répondre que tout va bien, mais « tout va bien » n'est pas une expression appropriée. En matière de rayonnements ionisants et d'irradiation, ces mots ne doivent pas être utilisés. Pas plus que les mots sécurité ou sûreté. La plus faible irradiation s'accompagne forcément d'un danger, il n'y a ni sûreté, ni sécurité, ni risque zéro. Donc, si vous me demandez s'il vaut mieux éviter la pluie, je vous répondrai oui. Aujourd'hui, près de quatre ans après l'accident de la centrale nucléaire de Fukushima Daiichi, à part dans le Tôhoku, le nord du Kantô et une partie de Tokyo, hors des zones contaminées, l'air n'est presque plus pollué. Du moins ne l'est-il plus par les rejets radioactifs de l'accident de Fukushima, je ne vois donc pas de raison pressante à éviter la pluie.

Je voudrais emmener mes enfants à la mer, est-ce à éviter ?

Jusqu'à l'accident de Fukushima, tout le monde se baignait sans doute sans la moindre arrière-pensée. Mais à vrai dire, la mer était déjà polluée.

Parce que dans les années 1950 et 1960 principalement, certains pays, à commencer par les États-Unis et l'URSS, ont effectué des essais nucléaires atmosphériques. Ils ont fait exploser dans les cieux de nombreuses bombes atomiques ou à hydrogène.

Quelle quantité de retombées radioactives ont-ils ainsi générée ? Dans la zone tempérée nord où se situe le Japon, 5 000 becquerels par mètre carré. Ensuite, il y a eu l'accident de Tchernobyl en 1986 et, à ce moment-là, les retombées radioactives sur le Japon ont atteint, avec des écarts suivant les régions, environ 100 becquerels par mètre carré. Ces 100 becquerels supplémentaires ont contaminé des denrées alimentaires un peu partout, du thé vert a même été interdit à la vente.

Enfin, aujourd'hui, les retombées de l'accident de Fukushima viennent s'y ajouter, mais dans quelles proportions ? Près de la centrale nucléaire de Fukushima Daiichi, c'est plus de 600 000 becquerels par mètre carré. Autour de ce point s'étend une zone de radioprotection contrôlée dépassant les 40 000 Bq/m^2, sans doute plus de dix mille kilomètres carrés dans le Tôhoku et le Kantô. Donc, dans ces régions, la mer a été polluée. Et comme les océans communiquent entre eux, l'océan Pacifique et les eaux côtières du Japon ont été contaminés, pas au point d'en faire une zone de radioprotection contrôlée, mais presque autant que par les essais nucléaires aériens.

Les autres mamans ne parlent plus des radiations. Ai-je tort de continuer à m'en préoccuper ?

Au bout de presque quatre ans, les gens commencent à oublier l'accident de Fukushima, comme s'il n'avait jamais eu lieu. C'est naturel puisque l'État et la Compagnie d'électricité de Tokyo, qui tentent d'effacer l'accident de la mémoire de la population, s'appliquent à limiter l'information.

Mais hélas, l'accident de la centrale nucléaire de Fukushima Daiichi n'est absolument pas maîtrisé. Pour éviter de nouveaux rejets radioactifs, de nombreux ouvriers poursuivent le travail dans la centrale, soumis aux radiations. Et puisque les rejets radioactifs sont retombés sur les terres et l'océan, qui produisent des denrées contaminées, il n'est bien sûr pas question d'oublier. En particulier, protéger les enfants de l'irradiation relève de la responsabilité des adultes, il faut donc continuer à être vigilant.

L'impact sur le corps

Mon enfant saigne parfois du nez sans raison. Est-ce dû aux radiations ?

En termes d'impact de l'irradiation sur le corps humain, le premier effet clairement déterminé est qu'une puissante irradiation entraîne la mort. Qu'en est-il en cas d'irradiation plus modérée ? Sur ce point, de nombreuses recherches sont en cours depuis que la bombe atomique a été larguée sur le Japon. Ce qu'on a tout d'abord compris, c'est que les leucémies sont nombreuses. Ensuite, on a découvert que les cancers aussi étaient nombreux. Plus récemment, on a noté une augmentation des maladies du cœur. Progressivement, on constate une plus forte prévalence de maladies et symptômes divers chez les personnes irradiées. Pour résumer, 68 longues années (en février 2014) après le bombardement atomique, on comprend peu à peu que la fréquence de nombreuses maladies a augmenté, voilà pour l'évolution historique.

L'énergie des rayonnements ionisants surpasse de loin l'énergie constitutive du corps humain. Tout peut donc arriver. Outre la leucémie, le cancer et les maladies du cœur, toutes les maladies et tous les symptômes sont susceptibles d'être provoqués par l'irradiation aux rayonnements ionisants. Les saignements de nez dont il est ici question me paraissent pouvoir en relever, mais hélas, il n'existe pas aujourd'hui de données permettant de le prouver scientifiquement. Et de telles données seront sans doute difficiles à obtenir.

Simplement, si l'on a été irradié, mieux vaut se préparer à toutes les éventualités, et rester vigilant dans la mesure du possible : choisir ce que l'on boit et mange, se laver soigneusement après avoir joué dans la boue, ne pas rester trop longtemps dans l'eau si l'on va à la plage, mesurer le débit de dose avant de pénétrer dans les collines, et tout ce qu'on peut imaginer d'autre. Lorsqu'il s'agit de limiter l'irradiation des enfants, mieux vaut se faire trop de souci que pas assez.

Les cancers de la thyroïde chez les enfants de Fukushima sont-ils réellement sans lien avec l'accident nucléaire ?

À Fukushima, des cancers de la thyroïde ont jusqu'à présent été découverts chez 33 enfants. Si l'on tient compte des cas suspects, 75 en tout sont concernés (chiffres officiels du 7 février 2014)[10]. Quelque 254 000 enfants ayant passé le test de dépistage, en se basant uniquement sur les cas avérés, on obtient donc un taux d'incidence de 13 pour 100 000, ou 130 pour un million. L'incidence moyenne du cancer de la thyroïde chez les enfants au niveau international étant de 1 à 2 cas pour un million, il s'agit d'une proportion parfaitement impensable jusqu'à aujourd'hui.

Concernant ces chiffres officiels, depuis la découverte des premiers cas de cancer de la thyroïde au cours du dépistage effectué par la préfecture de Fukushima, la Commission d'étude chargée de l'enquête sur la santé des habitants de la préfecture n'en démord pas : « les cas de cancer de la thyroïde chez les enfants ne peuvent être imputés à l'irradiation liée à l'accident de la centrale nucléaire de Fukushima Daiichi. » Quelle audace ! La science doit être fondée sur le doute : devant une réalité, on se demande de quoi il relève et on vérifie les faits un par un, avec toujours le doute en tête.

---

[10] Le dernier rapport en date du 24 août 2014 fait état d'un total de 103 cas avérés ou suspects de cancer de la thyroïde chez les enfants de la préfecture de Fukushima, soit 14 de plus que trois mois auparavant.

La commission d'étude, elle, veut croire depuis le départ qu'il ne se passe rien à Fukushima, et elle s'en est persuadée. Cette conviction préside aux travaux, depuis le projet d'enquête jusqu'à ses conclusions finales.

La conviction que les cas « ne peuvent être imputés à l'irradiation » est fondée sur plusieurs facteurs avancés par la commission, mais le premier, à savoir que « lors de l'accident de Tchernobyl, les cancers de la thyroïde sont apparus quatre ans plus tard », est erroné. Leur nombre a commencé à clairement augmenter au bout de quatre ans, mais on en signalait déjà au bout d'un an. Ensuite, face au taux d'incidence actuel qui dépasse tout entendement, la commission prétend qu'« on détecte ces cas parce que les techniques de dépistage ont progressé », ce qui signifie, en d'autres termes, que jamais avant le dépistage n'a été effectué dans les mêmes conditions. Puisque l'on ignore ce qu'était la situation avant, dans ce cas, la réponse doit être « on ne sait pas ». Et comme ce phénomène anormal se produit à Fukushima, lieu de la catastrophe particulière qu'est un accident nucléaire, il doit bien y avoir une raison, peut-être en lien avec l'irradiation, on devrait donc répondre « on ne sait pas, mais on cherche ». Voilà qui serait une attitude scientifique.

Dans ces circonstances, je ne peux affirmer avec certitude que ces cancers de la thyroïde sont vraiment liés à l'irradiation.

Questionnements divers et variés

Vous travaillez depuis longtemps dans un environnement fortement radioactif, pourquoi cela ne pose-t-il pas de problèmes ?

On ne peut pas dire que cela ne pose pas de problèmes. Mon activité principale consiste à mesurer le niveau de radioactivité de divers échantillons, ce qui ne signifie pas pour autant que je passe toutes mes journées dans une zone de radioprotection contrôlée, mais lorsque j'y suis, je fais en sorte de subir la moindre irradiation possible. Je ne suis donc pas soumis à de si forts niveaux de radiations qu'il faille s'en inquiéter.

Dans une zone de radioprotection contrôlée, quelles précautions prend-on ? En fonction de la tâche à accomplir, on porte un masque et des vêtements de protection. Par ailleurs, on fait en sorte de ne pas s'approcher des endroits où les rayonnements ionisants sont élevés. Une zone de radioprotection contrôlée est par essence un lieu où le débit de dose est élevé, mais, à l'intérieur, les rayons sont plus ou moins forts en fonction des endroits, que je connais.

Malgré tout, les rayonnements ionisants sont bien entendu invisibles, on ne les sent pas même si on les touche. Alors, comment sait-on où ils se trouvent ? On mesure pour chaque zone le débit de dose, afin de savoir à quelle quantité de rayons on s'expose à tel endroit ou tel autre. Je suis également équipé d'un dosimètre, mais avec un dosimètre, ce n'est qu'une fois sur place qu'on découvre le niveau de radiation d'un lieu. Il est alors trop tard ; pour éviter le plus possible d'être irradié, il faut être informé à l'avance.

Le gouvernement demande maintenant aux personnes retournées vivre dans les zones contaminées de porter un dosimètre afin de gérer elles-mêmes leur niveau d'irradiation, mais dans les zones contaminées de Fukushima non plus, il ne suffit pas d'un dosimètre ; pour minimiser l'irradiation, des mesures détaillées devraient être effectuées dans les villes et villages et la population informée de ces niveaux. Cependant, à la différence de mon lieu de travail, comme la zone concernée est immense, on ne peut pas demander aux gens de les mémoriser. Pour rendre ces niveaux visibles du premier coup d'œil, y compris pour les nouveaux venus, on pourrait par exemple les afficher sur les poteaux électriques. Les poteaux portent déjà des plaques d'adresse, le nombre de microsieverts par heure aussi pourrait y figurer en permanence. Ainsi, les habitants connaîtraient les points dangereux et pourraient décider eux-mêmes de leurs déplacements, ce qui me semble nécessaire.

Appliquez-vous une méthode particulière pour évacuer les substances radioactives de votre corps ?

Non. Dans la mesure où je travaille dans une zone de radioprotection contrôlée, je suis exposé au risque d'inhalation ou d'ingestion de substances radioactives, mais une fois qu'elles sont dans notre corps, il est fondamentalement impossible de les éliminer. Ou plutôt, puisque nous ingérons divers aliments et faisons nos besoins chaque jour, elles sont rapidement évacuées. Si l'on ingère ou qu'on inhale des substances radioactives, elles sont éliminées à une certaine vitesse. Mais il est fondamentalement impossible d'accélérer cette vitesse.

Néanmoins, si l'on ingère, par exemple accidentellement, de grandes quantités de substances radioactives qu'il faut absolument évacuer de l'organisme, il existe des médicaments à cet effet. On peut ainsi en débarrasser le corps, mais au prix de puissants effets secondaires. Donc, en temps normal, mieux vaut estimer qu'il est impossible d'accélérer la vitesse à laquelle les substances radioactives sont éliminées.

Pourquoi l'État et la Compagnie d'électricité de Tokyo ne nous fournissent-ils pas d'informations fiables ?

Effectivement, il est impossible d'obtenir des informations fiables de l'État ou de Tepco. Mais, historiquement, l'information a toujours été traitée ainsi. Les puissants qui détiennent le pouvoir délivrent les informations qui les arrangent, c'est la règle.

Il y a quelque temps, j'ai lu dans un magazine un entretien entre le gouverneur de la préfecture de Niigata, Hirohiko Izumida, et l'écrivaine Yuzuki Muroi, dans lequel figurait ce qui suit.

Muroi : [À propos du redémarrage de la centrale nucléaire de Kashiwazaki-Kariwa] vous avez eu cette formule d'une limpidité remarquable, « avant le redémarrage, il faut dresser le constat de l'accident de la centrale de Fukushima Daiichi ».

Izumida : Mais à la télévision et dans la presse, cette partie a été coupée. [...] On a seulement noté « Izumida s'est fâché », sans expliquer pourquoi. Cela me fait passer pour un impulsif.

Extrait de l'article « «Les vérités dérangeantes» du nucléaire sur lesquelles la loi sur la protection du secret jette le voile », *Shûkan Asahi* (numéro du 20 décembre 2013)

Dans le même article, Mme Muroi explique qu'avant l'accident, on ne pouvait pas parler en mal du nucléaire à la télévision et dans les journaux et, depuis l'accident, certains mots comme « criticité » ou « fusion » sont interdits. Malgré tout, à titre strictement personnel, elle a continué à dire qu'« elle [avait] peur », qu'« elle n'avait pas confiance [dans les informations délivrées par l'État] », ce pour quoi « il [lui] est arrivé qu'un employé croisé dans la rue [lui] lance «crève». » Il s'agit d'une situation similaire à celle de la guerre, quand les seules informations étaient celles fournies par le quartier général impérial.

Pourtant, dans le même temps, le gouvernement japonais transmet des informations fiables aux États-Unis. Après l'accident, les données du système SPEEDI n'ont pas été livrées à la population japonaise sous prétexte d'un manque de précision, mais en réalité, SPEEDI fonctionnait parfaitement, on savait quels endroits étaient dangereux et à quel moment précis. Ce dont les États-Unis étaient informés. C'est pourquoi, sur la base de ces données, les militaires américains stationnés au Japon se sont éloignés de 80 kilomètres dès l'instant où ils ont su que les retombées radioactives venaient dans leur direction. Les informations fiables transmises aux États-

Unis, et pas seulement les données de SPEEDI, ont gagné un nombre non négligeable d'autres pays ; les gens du monde entier ont pitié des Japonais.

Rester passif ne permet pas d'obtenir des informations valables. Si l'on comprend que ni l'État ni la Compagnie d'électricité de Tokyo ne diffusent d'informations fiables, il faut aller en chercher soi-même. Lorsqu'on adhère à ce point de vue, on peut mettre à profit les progrès d'Internet – même si la confiance à y accorder doit être limitée – pour collecter une grande quantité d'informations et apprendre à déterminer soi-même lesquelles sont fiables.

Le nucléaire malgré tout ?

Zéro centrale nucléaire, mais toujours pas de pénurie d'électricité

Il est bon d'économiser l'énergie, mais...

Il semblerait que certains s'inquiètent aujourd'hui encore d'une pénurie d'électricité si les centrales nucléaires disparaissaient, mais il y a suffisamment d'électricité, même sans le nucléaire. C'est d'ailleurs actuellement le cas au Japon, et sans la moindre centrale nucléaire. Si on ne fait pas fonctionner les centrales nucléaires, l'électricité manquera – intimidées par la rhétorique du gouvernement et des compagnies d'électricité, de nombreuses personnes font tout leur possible pour économiser l'énergie. Peut-être pensent-elles que leurs efforts ont permis de surmonter les chaleurs estivales et la rigueur de l'hiver sans aucune centrale nucléaire. À force d'économiser l'électricité, fatiguées de cette vie inconfortable, certaines d'entre elles souhaitent peut-être vite voir les centrales nucléaires redémarrer. Faire des économies d'énergie est une bonne chose, et mon intention n'est nullement de les juger inutiles. Mais en réalité, même sans économies d'énergie, même sans centrales nucléaires, l'approvisionnement en électricité est suffisant, et depuis longtemps.

En 80 ans, l'électricité n'a manqué que quelques heures au cœur de l'été

Pour le prouver, j'ai préparé le graphique ci-dessous (figure 16). Il montre l'évolution de la capacité des installations de production d'électricité et de la demande maximale en électricité de 1930 à 2011. Les bâtons représentent la capacité des installations de production d'électricité avec, en partant du bas, l'énergie hydroélectrique, l'énergie thermique, l'énergie nucléaire et les micro-installations. Cela représente le potentiel total de production d'électricité. Ensuite, la ligne de points blancs figure la demande maximale en électricité, c'est-à-dire la quantité d'électricité utilisée le jour de l'année où la demande a été la plus forte. Du début au milieu des années 1990, cette ligne empiète parfois légèrement sur l'énergie nucléaire, mais pour le reste, les énergies hydroélectrique et thermique suffisent. Les années où l'électricité manque un peu, cela ne concerne que quelques jours au cœur de l'été, et encore seulement quelques heures dans l'après-midi, qui auraient pu être comblées en recourant au rachat d'électricité des micro-installations. Aujourd'hui encore, certains parlementaires, semble-t-il, déclarent que sur le terrain, on danse sur la corde raide pour éviter le blackout, mais c'est une affirmation stupide.

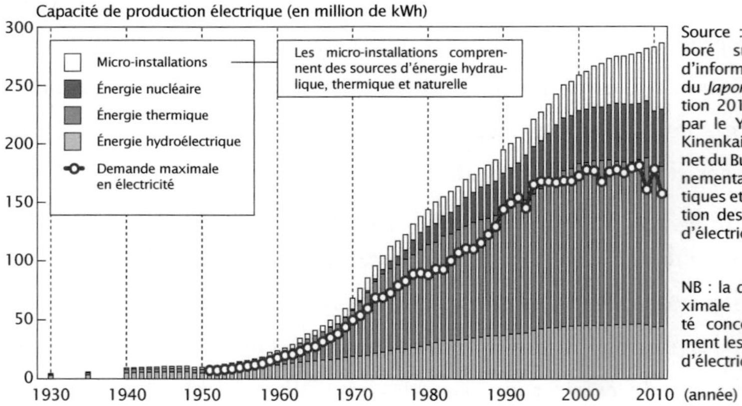

Source : tableau élaboré sur la base d'informations tirées du *Japon illustré* (édition 2010/11) publié par le Yano Tsuneta Kinenkai, du site internet du Bureau gouvernemental des statistiques et de la Fédération des compagnies d'électricité

NB : la demande maximale en électricité concerne uniquement les fournisseurs d'électricité agréés

Figure 16 : évolution de la capacité des installations de production d'électricité et de la demande maximale en électricité

En réalité, les économies d'énergie ne sont pas indispensables, la production d'électricité est suffisante, même sans le nucléaire. En admettant qu'aujourd'hui, on démantèle immédiatement la totalité des centrales nucléaires, l'approvisionnement en électricité au Japon ne connaîtrait pas la moindre difficulté.

Le coût de l'énergie nucléaire, facteur de hausse des tarifs de l'électricité

Ce que coûte réellement une centrale nucléaire

Les compagnies d'électricité avancent, comme raison à la hausse des tarifs de l'électricité, les coûts engendrés par l'augmentation de la production thermique. Le premier ministre Shinzô Abe a déclaré que la facture en combustible se traduisait par une déperdition annuelle de près de 4 000 milliards de yens de la richesse nationale, partie à l'étranger.

Quand on entend cela, on se demande si l'énergie thermique ne coûte pas plus cher que l'énergie nucléaire, mais ce n'est absolument pas le cas. Il y a quelques années, Kenichi Ôshima de l'université Ritsumeikan a calculé, sur la base des données réelles des compagnies d'électricité et de leurs rapports comptables, le prix de l'électricité par source d'énergie. Il en ressort que l'énergie nucléaire est la plus onéreuse (tableau 7, page 124). Alors, pourquoi l'énergie nucléaire coûte-t-elle cher ? Nous allons l'expliquer. Pour commencer, comparons, par source d'énergie, le premier poste de dépense, à savoir la construction d'une centrale.

- Compagnie d'électricité de Hokkaidô, centrale nucléaire de Tomari, réacteur n° 3 (912 MW) : environ 300 milliards de yens
- Compagnie d'électricité du Hokuriku, centrale thermique de Tsuruga (charbon), réacteur n° 2 (700 MW) : environ 127,5 milliards de yens

• Compagnie d'électricité de Tokyo, centrale thermique de Futtsu (gaz naturel), tranche n° 3 (1520 MW) : environ 170 milliards de yens

• Compagnie d'électricité de Tokyo, centrale hydroélectrique de pompage-turbinage de Kazunogawa (1600 MW) : environ 380 milliards de yens

Ces données sont toutes issues d'informations rendues publiques par chaque compagnie d'électricité. Les coûts de construction les plus élevés sont ceux de la centrale hydroélectrique, suivie de la centrale nucléaire, mais, si l'on tient compte de leur puissance, on constate que la centrale nucléaire coûte plus cher.

Passons aux coûts en combustible. Les partisans du nucléaire utilisent souvent l'argument suivant : l'énergie produite par un seul gramme d'uranium équivaut à celle de trois tonnes de charbon ou 2 000 litres de pétrole.

(en ¥/kWh)

	Coûts directs liés à la production d'électricité	Coûts stratégiques		Total
		Coûts de R&D	Coûts d'installation géographique	
Énergie nucléaire	8,53	1,46	0,26	10,25
Énergie thermique	9,87	0,01	0,03	9,91
Énergie hydroélectrique	7,09	0,08	0,02	7,19
Hydroélectricité classique	3,86	0,04	0,01	3,91
Pompage-turbinage	52,04	0,86	0,16	53,07

Source : tableau tiré du *Coût des centrales nucléaires*, Kenichi Ôjima (Iwanami Shinsho)

Tableau 7 : le coût d'une centrale nucléaire calculé par le professeur Ôshima (coût moyen entre l'année fiscale 1970 et l'année fiscale 2010)

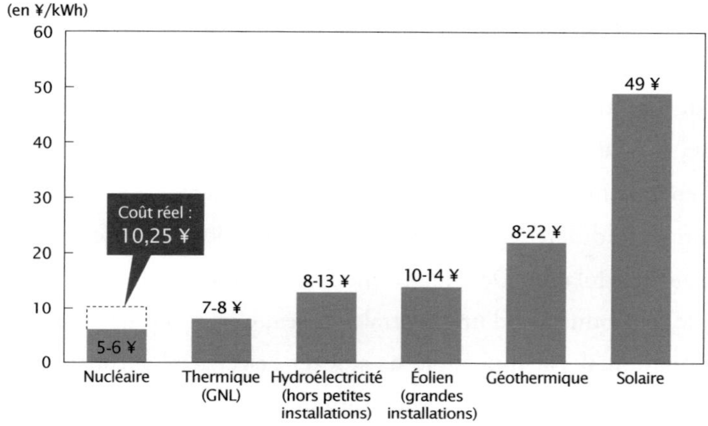

Source : tableau élaboré sur la base du *Livre blanc de l'énergie 2010* du ministère de l'Économie, du Commerce et de l'Industrie

Figure 17 : comment le gouvernement promeut le nucléaire

Se fiant à cette présentation, certaines personnes croient sans doute que les centrales nucléaires, qui utilisent l'uranium pour combustible, sont très efficaces. Mais c'est une supercherie. Dans le cas du pétrole et du charbon, fondamentalement, les produits extraits servent de combustible en l'état, mais l'uranium après extraction est composé à 99,3 % d'uranium non fissile (238). Pour collecter l'uranium fissile (235), présent à seulement 0,7 %, il est nécessaire de l'enrichir. Ce processus consomme de colossales quantités d'énergie et, bien entendu, coûte aussi de l'argent.

De plus, au Japon, une centrale nucléaire coûte des sommes faramineuses en subventions aux riverains, en dons et frais de réception pour les médias de masse comme les journaux et la télévision et aussi pour les hommes politiques et les bureaucrates, ainsi qu'en allocations aux universités ; et comme elle se trouve dans une zone reculée, faute de pouvoir l'édifier en ville, le transport de l'électricité coûte lui aussi plus cher. Il faut également ajouter les coûts de retraitement du combustible usé et de démantèlement, inutiles dans le cas de l'énergie hydroélectrique ou thermique. Et si un accident survient, des sommes astronomiques doivent être déboursées en dédommagements et frais de décontamination (coûts environnementaux), comme c'est actuellement le cas pour la Compagnie d'électricité de Tokyo.

À vrai dire, il existe encore un facteur supplémentaire d'augmentation du coût de l'énergie nucléaire. C'est le pompage-turbinage.

Le nucléaire, à la différence de l'énergie hydroélectrique ou thermique, est difficilement modulable. De ce fait, que la demande en électricité soit élevée ou basse, la production d'une centrale nucléaire est toujours la même. Mais étant donné qu'il est impossible de stocker l'électricité surnuméraire et que la nuit, lorsque la consommation est moindre, une centrale nucléaire produit trop d'électricité, le remède à ce problème a été de construire des barrages (des bassins de rétention) en amont et en aval, entre lesquels l'eau circule en un gigantesque *système de production d'électricité* qui *jette l'électricité*. Jeter de l'électricité pour en produire, voilà qui est original ; donnons quelques explications. Lorsqu'il y a de l'électricité en excédent, elle sert à pomper l'eau du bassin inférieur vers le bassin supérieur, et quand les besoins en électricité sont importants, on en produit plus en relâchant l'eau du bassin du haut vers celui du bas. Cette technique peut sembler ingénieuse, mais en réalité, la déperdition d'énergie dans les déplacements d'eau étant de l'ordre de 30 %, c'est un système parfaitement absurde. Ces dépotoirs à électricité existent dans toutes les centrales nucléaires du Japon, avec un coût de construction estimé entre 150 et 200 milliards de yens par réacteur.

Le « mode de calcul en fonction du prix de revient global » à l'origine de la gestion laxiste des compagnies d'électricité

Le tarif réglementé de l'électricité au Japon est calculé sur la base des coûts de production et de stratégie précédemment évoqués, ainsi que des coûts environnementaux, commerciaux – publicité et dons, par exemple –, administratifs comme la main-d'œuvre, bref de tous les coûts engendrés, auxquels on ajoute la valeur du patrimoine détenu, plus une marge. Précisons que dans le patrimoine figurent non seulement les centrales électriques et des installations comme les hôpitaux et les centres sportifs et de loisirs, mais aussi le combustible usé et même le plutonium retraité. Ce système de tarif réglementé, baptisé « mode de calcul en fonction du prix de revient global », sert à toutes les compagnies d'électricité pour fixer leurs prix, comme stipulé par la loi sur l'activité électrique. Cela signifie que les compagnies d'électricité, outre qu'elles rentrent dans la totalité de leurs frais grâce aux prix facturés, sont dès le départ protégées par la loi de sorte à forcément engranger des bénéfices. Et ce n'est pas seulement leur marge qui est assurée. Construire des centrales supplémentaires, faire beaucoup de publicité... le système fait que plus elles utilisent d'argent, plus elles en gagnent.

Une entreprise normale, lorsqu'elle construit une installation quelconque, confie le chantier à l'entrepreneur le moins cher, elle maîtrise ses coûts pour tenter de dégager des profits, mais pour les compagnies d'électricité c'est l'inverse, plus les coûts sont élevés, plus leur patrimoine croît. De ce fait, leurs profits aussi augmentent proportionnellement, tel est le système. Donc, les compagnies d'électricité font construire leurs centrales nucléaires à des tarifs 20 à 30 % plus élevés que ceux du marché, elles dépensent des sommes folles en publicité et marketing pour répandre leurs mensonges et cherchent à fabriquer, à des coûts élevés, beaucoup d'électricité qu'elles tentent ensuite de vendre le plus cher possible. Tous ceux qui profitent de cette manne poussent dans ce sens. Résultat, les Japonais paient l'électricité la plus chère au monde. Si ce mode de calcul en fonction du prix de revient global continue d'être appliqué, si cette gestion laxiste des compagnies d'électricité assurées d'engranger des bénéfices quoi qu'il arrive reste d'actualité, les prix de l'électricité continueront à grimper.

Pour commencer, si nous ne nous étions pas lancés dans le nucléaire, nous aurions certainement payé l'électricité beaucoup moins cher. Mais, pour le bénéfice des dirigeants ineptes des compagnies d'électricité, jusqu'ici, l'électricité nous a été facturée à des tarifs exorbitants. Et aujourd'hui, je milite pour l'arrêt immédiat et le démantèlement de la totalité des centrales nucléaires, mais là encore, les coûts de démantèlement seront colossaux et, avec la sortie du nucléaire, les centrales se transformeront en créances irrécouvrables. Ces frais devront bien être couverts ; nous serons contraints de le faire, par le biais de factures d'électricité encore plus élevées. Néanmoins, y renâcler et repousser le problème ne peut se traduire que par une accumulation effrénée des coûts. Nous devons donc prendre une décision le plus rapidement possible, et la seule solution est, à mon avis, de solder maintenant nos erreurs passées. Sortons du nucléaire, onéreux à la base, en faveur de l'énergie thermique ou hydroélectrique et les tarifs de l'électricité baisseront fondamentalement.

Le nucléaire n'est pas une énergie propre

Le nucléaire libère du CO_2 quand il produit de l'électricité aussi

Certaines personnes semblent fermement convaincues que le nucléaire est une énergie propre, qui n'émet pas de dioxyde de carbone. Mais en réalité, pour faire fonctionner une centrale nucléaire, d'énormes quantités de dioxyde de carbone (CO_2) sont libérées.

La fission nucléaire, en effet, ne produit pas de CO_2. Mais pour produire du combustible fissile, il faut extraire de l'uranium naturel d'un gisement, le convertir et l'enrichir pour rassembler l'uranium fissile, qui sera traité afin de devenir utilisable dans un réacteur. Il faut également construire les installations nécessaires à la production d'électricité, et y acheminer le combustible. De plus, le combustible usé doit être convoyé depuis son lieu de stockage temporaire jusqu'au lieu de stockage définitif, dont la localisation n'est toujours pas arrêtée. Et ce combustible usé doit être conservé durant un million d'années, pendant lesquelles on utilise du combustible fossile pour le refroidir. Chacune de ces opérations consomme énormément d'énergie et libère d'importantes quantités de CO_2.

Les partisans de l'énergie nucléaire eux aussi savent très bien tout cela et, en 2008, l'Organisation japonaise de régulation de la publicité (JARO) a jugé inapproprié le slogan publicitaire « L'énergie nucléaire [...] qui produit de l'énergie sans émettre de CO_2 est une «façon propre de produire de l'électricité» ». De ce fait, ces dernières années, la formulation a changé pour « l'énergie nucléaire n'émet pas de dioxyde de carbone au cours de la production d'électricité ». Mais à vrai dire, cela aussi s'est avéré mensonger. Kazuhide Sueda, du bureau pour l'environnement, l'agriculture et la pêche du syndicat des fonctionnaires de la préfecture d'Osaka, a demandé à consulter, pour la période courant sur l'année fiscale 2006 à l'année fiscale 2008, la totalité des données collectées et publiées dans le cadre du système de calcul, déclaration et publication des émissions de gaz à effet de serre mis en place par la loi de promotion de la lutte contre le réchauffement climatique ; son analyse chiffrée montre que le nucléaire libère du CO_2 pendant la production d'électricité aussi.

Examinons le tableau 8 (page 130). Les chiffres publiés dans un article de M. Sueda y sont mis en forme ; dans la colonne *Centrale, etc., avant distribution* figure la quantité de CO_2 émise lorsque la centrale fonctionne. Pour les réacteurs à eau bouillante uniquement, l'émission de CO_2 est due au fait que la chaudière auxiliaire, l'un des principaux équipements, brûle en permanence du fioul, son combustible. Par ailleurs, dans le même article, on trouve le volume des gaz à effet de serre émis par les installations de combustible nucléaire (tableau 9), qui montre que le réacteur Fugen, arrêté en 2003 et actuellement en cours de démantèlement, émet continuellement du CO_2. Enfin, le total des émissions de CO_2 présentées dans ces deux tableaux pour l'année fiscale 2008 atteint 1,16 million de tonnes, soit quasiment le volume qu'émettent en un an l'ensemble des industries de la préfecture de Yamanashi (la troisième préfecture la moins émettrice parmi les 47 du Japon).

(en t/an)

Centrale nucléaire	Type de réacteur (P : eau pressurisée, B : eau bouillante)	Exercice 2006		Exercice 2007		Exercice 2008	
		CO_2 lié à l'énergie	Centrale, etc, avant distribution	CO_2 lié à l'énergie	Centrale, etc, avant distribution	CO_2 lié à l'énergie	Centrale, etc, avant distribution
Tomari	P	-	-	-	-	27 800	0
Higashidôri	B	19 100	6 430	19 300	7 030	24 300	5 500
Onagawa	B	71 700	6 210	8 380	8 380	4 770	4 770
Tôkai Daini	B	16 300	0	11 500	7 030	16 100	6 750
Fukushima Daiichi	B	65 700	65 500	59 600	59 400	42 800	42 600
Kashiwazaki-Kariwa	B	8 780	8 780	4 980	2 740	241 000	8 470
Hamaoka	B	77 300	13 600	12 900	12 900	11 500	11 500
Shiga	B	60 199	8 548	109 000	8 300	70 900	9 220
Tsuruga	P, B	30 900	0	29 203	0	50 840	0
Shimane	B	25 200	9 920	16 500	10 700	32 200	10 200
Genkai	P	8 654	0	6 742	0	6 068	0
Sendai	P	-	-	6 100	0	5 534	0
Total		383 833	118 988	284 205	116 480	533 812	99 010

Source : tableau tiré du *Coût des centrales nucléaires*, Kenichi Ôjima (Iwanami Shinsho)

Tableau 8 : volume de CO_2 émis par les centrales nucléaires

(en t/an)

	Exercice 2006	Exercice 2007	Exercice 2008
Total des 4 départements de 3 entreprises de transformation du combustible	29 276	27 813	27 992
Japan Nuclear Fuel (JNFL) – centre d'enrichissement et d'enfouissement	26 400	19 500	17 700
Japan Nuclear Fuel (JNFL) – centre de retraitement	227 000	201 000	211 000
Agence japonaise de l'énergie atomique (JAEA) – Monju	26 797	40 562	48 780
Agence japonaise de l'énergie atomique (JAEA) – Fugen	16 831	17 245	19 390
Agence japonaise de l'énergie atomique (JAEA) – total des autres laboratoires	275 440	145 560	301 720
Total	601 744	451 680	626 582

Source : tableaux 8 et 9 élaborés sur la base de l'article de Kazuhide Sueda *« La vérité sur les émissions de CO_2 des centrales nucléaires – le mensonge du "pas d'émission de CO_2" »* (groupe 13, 33e séance du Cercle Aichi Jichi)

Tableau 9 : volume des gaz à effet de serre émis par les installations de combustible nucléaire

Les centrales thermiques réhabilitées

Malgré tout, si l'on compare des centrales en activité, l'énergie thermique émet beaucoup plus de CO_2 que le nucléaire. Mais le thermique, ces dernières années, a réalisé d'importants progrès environnementaux. Par exemple, dans la centrale thermique d'Isogo à Yokohama, le rendement thermique brut a été porté à environ 45 %, l'un des meilleurs rendements mondiaux, ce qui a permis de réduire les émissions de CO_2 de 17 % par kilowatt/heure, et aussi d'éliminer les autres substances nocives émises par la combustion du charbon à plus de 95 % pour les SO_X (oxydes de soufre), plus de 87,5 % pour les NO_X (oxydes d'azote) et plus de 99,9 % pour les poussières ; enfin, les cendres issues de la combustion, recyclées à presque 100 %, servent par exemple à la fabrication de ciment.

Le charbon est, à la base, la plus importante ressource énergétique disponible sur Terre. La figure 18 (page 132) représente le volume d'énergie solaire reçue en une année par la Terre et le volume de ressources énergétiques naturelles présentes sur le globe. L'énergie solaire est infinie, mais les ressources naturelles s'épuisent si l'on s'en sert. On les appelle ressources énergétiques non-renouvelables. Comme on le voit au premier coup d'œil, parmi les énergies non-renouvelables, le plus grand carré est celui du charbon. Le périmètre extérieur délimite les réserves connues sur Terre (réserves ultimes), tandis que la surface noire à l'intérieur figure le volume extractible dans les conditions technologiques et économiques actuelles (réserves prouvées). Pour commencer, le minuscule carré noir en haut à droite représente la consommation totale d'énergie par année dans le monde, qui s'établit à 0,4. Les réserves prouvées de charbon étant à 22,3, elles suffisent aux besoins en électricité de la population mondiale pour près de 56 années. En admettant que, grâce aux progrès technologiques, les réserves ultimes puissent être utilisées, le charbon à lui seul représente l'équivalent de 775 années de consommation. Par ailleurs, leurs réserves prouvées ne sont pas indiquées ici, mais il faut aussi inclure le gaz de schiste et le sable bitumeux, le gaz de schiste étant abondamment utilisé aux États-Unis et au Canada depuis quelques années. Leur exploitation progresse rapidement et, à l'heure actuelle, ce carré est sans doute beaucoup plus grand en réalité.

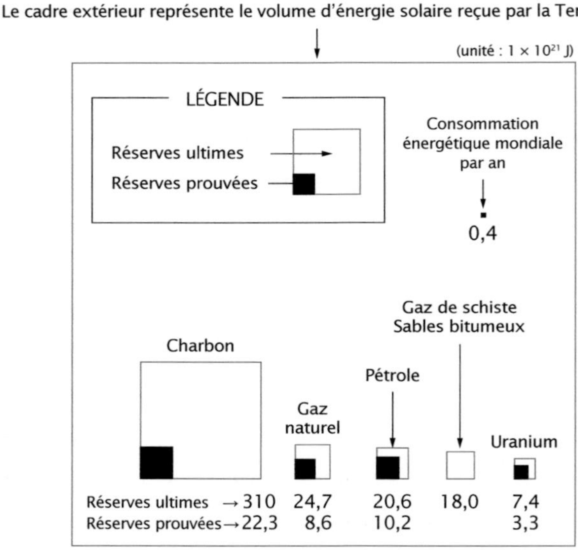

Source : tableau élaboré à partir de données tirées de « La demande énergétique à l'horizon 2030 », Commission d'enquête sur les ressources énergétiques de l'agence des ressources énergétiques, et des documents du comité Tomabechi, 4e réunion sur le projet ITER (26/5/1997)

Figure 18 : réserves en ressources énergétiques non-renouvelables

Soit dit en passant, l'uranium, tout à droite – ici l'uranium fissile (235) qui sert de combustible aux centrales nucléaires –, compte pour une partie seulement du pétrole qu'on s'inquiète de voir disparaître, et pour quelques dixièmes du charbon : c'est une ressource extrêmement pauvre. Dans ce contexte, les promoteurs de l'énergie nucléaire ont eu l'idée, à partir de ces maigres réserves d'uranium, d'augmenter, par un moyen ou un autre, les ressources du nucléaire. La combustion de l'uranium produisant du plutonium, un nouveau nucléide qui n'existe pas à l'état naturel, ce plutonium est brûlé dans un réacteur spécial appelé surgénérateur, combustion dont on tire à nouveau du plutonium, qu'on brûle de nouveau. La répétition inlassable de ce cycle multiplierait les ressources nucléaires par soixante, par rapport à l'uranium fissile, tel était leur rêve. Cependant, le surgénérateur Monju, clé de voûte du système, est toujours à l'arrêt en raison d'une série d'accidents, quant à l'usine de retraitement du combustible usé, elle n'est même pas entrée en service car les technologies ne sont toujours pas au point. Ce rêve, irréalisable de longue date, fait aujourd'hui encore l'objet d'investissements publics pharaoniques (avec l'argent de nos impôts).

Par ailleurs, le gouvernement, en prévision de l'entrée en service du réacteur Monju, a confié le retraitement du combustible usé, en panne au Japon, à des usines de retraitement en Grande-Bretagne et en France. En 2013, le plutonium ainsi amassé atteignait 44 tonnes, total cumulé des stocks au Japon et à l'étranger[11]. Pour donner une idée de ce que cela représente, c'est assez pour fabriquer environ 4 000 bombes comme celle larguée sur Nagasaki. Que le Japon, puissance non nucléaire, ait amassé autant de plutonium sans en avoir l'usage est mal vu dans le monde entier et, afin de réduire un tant soit peu ses réserves, il lui a fallu se lancer dans la combustion de MOX (un mélange de plutonium et d'uranium) dans des réacteurs classiques, un projet dangereux et économiquement non viable baptisé Pluthermal.

Revenons-en au charbon, présent non seulement en quantité mais aussi un peu partout sur la planète : il constitue une source d'approvisionnement bon marché et stable. La centrale thermique d'Isogo, évoquée précédemment, a accueilli pour la seule année 2012 quelque 4 000 visiteurs, membres d'entreprises du secteur électrique étranger et personnalités japonaises ou étrangères, pour des visites ou des voyages d'études. Le charbon est aujourd'hui en voie de réhabilitation en tant que principal combustible

[11] Environ 47 tonnes en 2014.

pour l'énergie thermique, et la tendance mondiale est à améliorer son rendement thermique et réduire les émissions de CO_2.

À ce propos, durant les deux cents dernières années, la température de la Terre et la teneur en CO_2 dans l'atmosphère ont augmenté, c'est une réalité, mais je ne suis pas convaincu que la cause du réchauffement planétaire soit uniquement le CO_2, comme on le dit aujourd'hui. Je ne suis d'ailleurs pas le seul, de nombreux scientifiques estiment que les raisons ne tiennent pas seulement au CO_2 et sont plus complexes. La tendance est à faire du CO_2 l'unique coupable, mais c'est une substance indispensable à la vie sur Terre, à commencer par celle de l'homme. En revanche, les produits de fission sont, à tous niveaux, des substances toxiques. À quel point sont-ils nocifs, il suffit de penser à l'accident de la centrale nucléaire de Fukushima Daiichi pour le comprendre.

Les centrales nucléaires finiront par être démantelées un jour

Avant un deuxième accident critique

« Si la centrale est arrêtée, nous n'aurons plus rien pour vivre », disent les riverains des centrales nucléaires. Bien sûr. C'était l'objectif de la mafia nucléaire, dès la construction de la centrale.

Dans les communes qui abritent une centrale nucléaire, si celle-ci devait disparaître, « puisqu'il s'agit d'une politique nationale, l'État doit se montrer responsable et s'occuper de nous », « il nous faut une autre industrie à la place », entend-on aussi dire. En appeler à la responsabilité de l'État est normal, et je n'ai rien contre. Mais il est clair, au vu de la situation actuelle, que l'État ne prend pas ses responsabilités, et il n'est pas le seul, aucun de tous ceux qui ont promu l'énergie nucléaire n'assume les siennes. Ils n'en prennent pas le chemin. Et parmi les promoteurs de l'énergie nucléaire figurent aussi, à mon avis, ceux qui ont accueilli les centrales nucléaires.

Pendant plus de quarante ans, j'ai répété « les centrales nucléaires sont dangereuses. Il y aura forcément un accident. Dans ce cas, les dégâts seront terribles », et je me suis associé, dans la mesure du possible, aux mouvements d'opposition des habitants là où la construction d'une centrale nucléaire était prévue. Hélas, le mouvement antinucléaire civil a échoué à mobiliser massivement face à la puissance de la mafia nucléaire, mais à vrai dire, les habitants désireux d'accueillir une centrale savaient, eux aussi, que c'était dangereux. Ils le savaient, mais ils se sont laissé éblouir par des slogans comme « le nucléaire est une énergie écologique non polluante » ou « sans centrales nucléaires, l'électricité manquera », ainsi que par les fabuleuses subventions qu'on leur faisait miroiter.

Néanmoins, certaines localités ont préféré refuser les subventions qui, quel que soit leur montant, n'étaient que temporaires, faisant le choix de préserver leur environnement et leur indépendance. Le nombre de ces villes et villages s'élève à plus du triple de ceux où une centrale nucléaire a été construite. Leurs habitants, pour commencer, ne croyaient pas à la propagande qui affirmait la sûreté absolue du nucléaire. Parce qu'à la question « si les centrales nucléaires sont absolument sûres, pourquoi ne pas les construire à Tokyo ou Osaka ? », ni les compagnies d'électricité ni les hommes politiques ne leur ont offert de réponse claire.

Ceux qui ont choisi le camp des candidats à l'accueil d'une centrale nucléaire l'ont sûrement remarqué aussi. Mais ils voulaient à tout prix échapper à l'asphyxie financière et redynamiser l'économie locale, voilà sans doute ce qui a motivé ce choix terrible. Peut-être ont-ils choisi de croire au mythe de la sûreté du nucléaire, davantage qu'ils n'y ont vraiment cru. Mais eux, on ne peut pas dire qu'ils ont simplement été trompés.

(1) Hokkaidô, Wakkanai
(2) Hokkaidô, Hamamasu (aujourd'hui Ishikari)
(3) Hokkaidô, Kitahiyama (aujourd'hui Setana)
(4) Hokkaidô, Taisei (aujourd'hui Setana)
(5) Hokkaidô, Matsumae
(6) Aomori, Shiura (aujourd'hui Goshogawara)
(7) Aomori, Higashidôri, Gamanosawa et Noushi
(8) Aomori, Kamikita
(9) Iwate, Kuji, Samuraihama, Honnami
(10) Iwate, Tanohata
(11) Iwate, Tarô (aujourd'hui Miyako)
(12) Akita, Noshiro, Asanai
(13) Akita, Yurihonjô, Iwaki-kameda, Kameda, Tsuruoka
(14) Fukushima, Namie et Odaka (aujourd'hui Minami-sôma)
(15) Niigata, Maki (aujourd'hui Niigata)
(16) Ishikawa, Suzu
(17) Fukui, Kawanishi (aujourd'hui Fukui), Sanrihama
(18) Fukui, Obama
(19) Mie, Kisei (aujourd'hui Taiki) et Nantô (aujourd'hui Minami-ise), Ashihama
(20) Mie, Kiinagashima (aujourd'hui Kihoku), Jônohama
(21) Mie, Miyama (aujourd'hui Kihoku), Ôjirohama
(22) Mie, Kumano, Ichiura
(23) Kyoto, Maizuru
(24) Kyoto, Miyazu
(25) Kyoto, Kumihama (aujourd'hui Kyôtango)
(26) Hyôgo, Kasumi (aujourd'hui Kami)
(27) Hyôgo, Hamasaka (aujourd'hui Shinonsen)
(28) Hyôgo, Mitsu (aujourd'hui Tatsuno)
(29) Wakayama, Nachikatsuura, Taiji
(30) Wakayama, Koza (aujourd'hui Kushimoto)
(31) Wakayama, Hikigawa (aujourd'hui Shirahama)
(32) Wakayama, Hidaka, Ao
(33) Wakayama, Hidaka, Oura
(34) Tottori, Aoya (aujourd'hui Tottori)
(35) Shimane, Gôtsu, Kuromatsu
(36) Shimane, Masuda, Takatsu
(37) Okayama, Hinase (aujourd'hui Bizen), Kakuijima
(38) Yamaguchi, Tamagawa (aujourd'hui Hagi)
(39) Yamaguchi, Hagi
(40) Yamaguchi, Hôhoku (aujourd'hui Shimonoseki)
(41) Tokushima, Anan
(42) Tokushima, Hiwasa (aujourd'hui Minami)
(43) Tokushima, Kainan (aujourd'hui Kaiyô)
(44) Ehime, Tsushima (aujourd'hui Uwajima)
(45) Kôchi, Kubokawa (aujourd'hui Shimanto)
(46) Kôchi, Saga (aujourd'hui Kuroshio)
(47) Fukuoka, Shima (aujourd'hui Itoshima)
(48) Fukuoka, Shimakoganemaru (aujourd'hui Itoshima)
(49) Kumamoto, Amakusa
(50) Ôita, Kamae (aujourd'hui Saiki)
(51) Miyazaki, Sadowara (aujourd'hui Miyazaki)
(52) Miyazaki, Kushima
(53) Kagoshima, Uchinoura (aujourd'hui Kimotsuki)

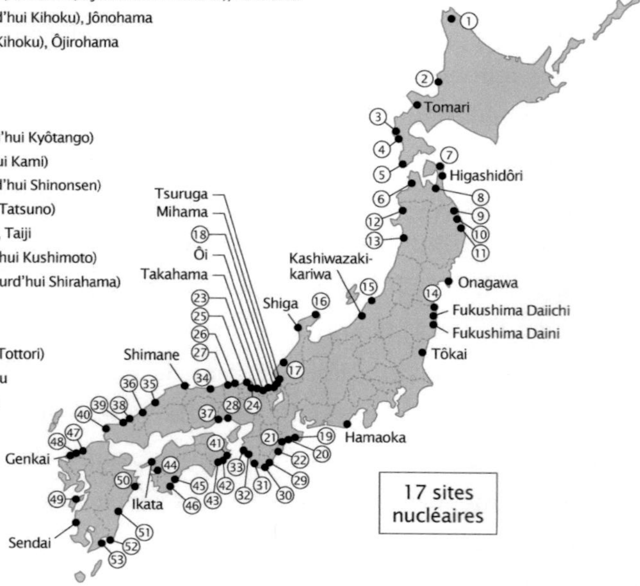

Source : tableau réalisé à partir des ouvrages suivants : livret du Conseil catholique du Japon pour la justice et la paix « L'énergie nucléaire n'est pas une arme contre le réchauffement climatique ! », *Ceux qui refusent la construction des centrales nucléaires – d'Iwaishima au futur*, Shin Yamaaki (Iwanami Shinsho), « Les localités qui ont dit non au nucléaire et le mouvement antinucléaire », Yûko Hirabayashi (*Revue du laboratoire Ôhara sur les questions de société*, université Hosei, n° 661, nov. 2013)

Figure 19 : trois fois plus de communes ont refusé la construction d'une centrale nucléaire

Même sans avoir joué un rôle direct dans la promotion du nucléaire, pour n'avoir pas pu l'arrêter, toute la population a sa part de responsabilité. À plus forte raison, la responsabilité de ceux qui l'ont promu est encore plus lourde. Chaque cas est différent, mais nous devons tous en assumer une part, chacun à sa mesure.

Les centrales nucléaires, même si elles ne sont pas immédiatement mises à l'arrêt, devront forcément être démantelées un jour ou l'autre. Malgré tout, peut-être imaginez-vous que dans la mesure où il y a plusieurs réacteurs dans une centrale nucléaire, le plus ancien peut être remplacé par un nouveau, et ainsi de suite, pour bénéficier éternellement des bienfaits de l'atome. Peut-être les gens de Fukushima le croyaient-ils aussi. Mais quand on pense au fait qu'une centrale nucléaire est une machine, donc fatalement sujette aux pannes et aux dysfonctionnements, que le Japon est un archipel sismique, particulièrement vulnérable aux catastrophes naturelles, c'est parfaitement impossible ; même en admettant que notre génération voie un réacteur nucléaire construit dans sa région atteindre la fin de sa vie, rien ne garantit que ce cas se renouvellera à l'avenir. Au contraire, l'absence d'incident maintenant accroît d'autant les risques futurs. Nous ne pouvons pas léguer un aussi grand danger aux générations futures.

Voilà ce que j'ai toujours professé, mais en vain hélas, sans atteindre ceux à qui je souhaitais vraiment faire passer ce message.

Voir son paisible quotidien brusquement détruit un jour doit vraiment être terrible. Mais dans les faits, c'est seulement une fois qu'on a perdu une chose qu'on réalise combien elle était précieuse. Cela a sans doute été le cas pour les plaignants de l'action de groupe contre la centrale nucléaire de Fukushima dont il est ici question.

La centrale nucléaire dont on leur avait toujours vanté la sûreté a soudain provoqué un accident, et dans les zones touchées par la contamination radioactive des centaines de milliers de personnes ont été chassées de leur village natal, leur quotidien ébranlé dans ses fondements, condamnées à l'errance. Plusieurs milliers de décès liés au nucléaire, comme on dit, sont déjà à déplorer aussi. Aux alentours, sur une vaste surface, s'étendent des terres qui devraient être, en vertu de la loi japonaise, déclarées zones de radioprotection contrôlée et interdites d'accès.

L'État japonais, arguant d'un état d'urgence, a abandonné plusieurs millions de personnes dans ces zones contaminées. Peu d'entre elles sont à même de fuir, et celles qui en sont incapables, y compris les nourrissons, sont contraintes d'y vivre. Comment évaluer le poids de l'inquiétude, de la peur des plaignants dont il est question dans ce livre ? Je l'ignore. J'espère que de nombreuses personnes prêteront l'oreille à leur cri du cœur.

Extrait de l'article « À propos de *Personne ne sera-t-il donc jugé ?* par les membres de l'action de groupe contre la centrale nucléaire de Fukushima (vendredi) – le jour où le peuple jugera les crimes du pouvoir », Hiroaki Koidé, *Tosho Shimbun* (n° 3134, 16 novembre 2013)

Un nécessaire changement de mode de vie

Comment jeter les bases d'une vie nouvelle pour les habitants des localités accueillant une centrale nucléaire ? Ce problème est très complexe, mais au bout du compte, je crois que la seule solution est de se relever par soi-même. Comment assurer la survie de sa ville ou de son village ? Pour en trouver les moyens, les habitants ne doivent pas s'appuyer sur l'État mais s'atteler eux-mêmes à cette réflexion, accepter l'inquiétude et les difficultés dans leur vie professionnelle comme quotidienne, et avancer dans une nouvelle voie, c'est la seule solution.

Il existe néanmoins une possibilité : après la mise à l'arrêt définitif d'une centrale nucléaire, les opérations de démantèlement se poursuivent une quarantaine d'années – presque autant que sa durée d'exploitation. Au niveau mondial, en juin 2013, on comptait 583 réacteurs nucléaires d'une puissance supérieure à 10 MW, parmi lesquels 149 déjà définitivement arrêtés pour démantèlement. Ce nombre comprend les tranches 1 à 4 de la centrale nucléaire de Fukushima Daiichi, 1 et 2 de la centrale de Hamaoka, ainsi que la centrale de Tôkai et le réacteur Fugen. Après cette date, au Japon, le démantèlement des réacteurs n°s 5 et 6 de la centrale de Fukushima Daiichi a également été décidé.

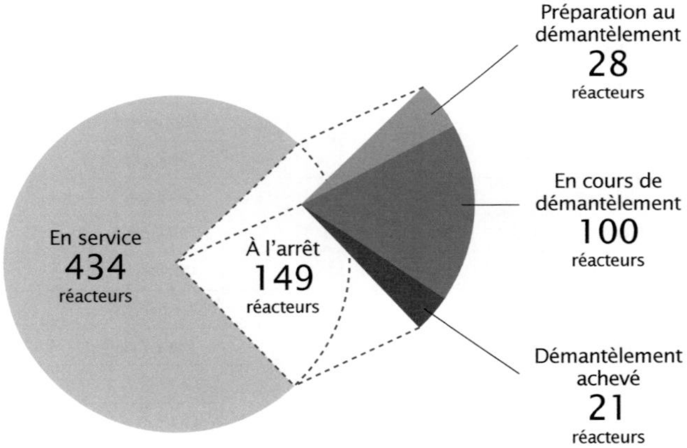

Source : tableau élaboré à partir de l'*Asahi Shimbun Globe* (« L'ère du démantèlement », 21 juillet 2013)

Figure 20 : les centrales nucléaires destinées au démantèlement dans le monde (données du Radwaste and Decommissioning Center (RANDEC), à la date du 27 juin 2013)

Le monde a pris pied dans l'ère du démantèlement, et il existe déjà un business spécialisé dans le démantèlement efficace et sûr des centrales nucléaires. Nombre des techniciens qui travaillent sur ces chantiers sont ceux qui faisaient tourner les centrales, dit-on. Au Japon aussi il existe une entreprise de ce type, basée à Niigata, elle a été présentée dans un dossier spécial paru dans la presse (« L'ère du démantèlement », *Asahi Shimbun Globe*, 21 juillet 2013). Dans l'archipel, parmi les 48 réacteurs restants, 16 sont en service depuis plus de trente ans, dont trois depuis quarante ans (situation en février 2014). L'ère du démantèlement pourrait bien débuter avant même que les orientations de la politique nucléaire japonaise ne soient décidées.

Ce qui m'inquiète ici, c'est que le Japon ne forme pas les spécialistes du nucléaire qui devront se charger du démantèlement à l'avenir.

Date d'entrée en service	Nombre d'années de service (situation en février 2014)	Réacteur
Mars 1970	43	Tsuruga n° 1
Novembre 1970		Mihama n° 1
Juillet 1972	41	Mihama n° 2
Mars 1974	39	Shimane n° 1
Novembre 1974		Takahama n° 1
Octobre 1975	38	Genkai n° 1
Novembre 1975		Takahama n° 2
Décembre 1976	37	Mihama n° 3
Septembre 1977	36	Ikata n° 1
Novembre 1978	35	Tôkai Daini
Mars 1979	34	Ôi n° 1
Décembre 1979		Ôi n° 2
Mars 1981	32	Genkai n° 2
Mars 1982	31	Ikata n° 2
Avril 1982		Fukushima Daini n° 1
Février 1984	30	Fukushima Daini n° 2
Juin 1984	29	Onagawa n° 1
Juillet 1984		Sendai n° 1
Janvier 1985		Takahama n° 3
Juin 1985	28	Fukushima Daini n° 3
Juin 1985		Takahama n° 4
Septembre 1985		Kashiwazaki-kariwa n° 1
Novembre 1985		Sendai n° 2

Source : tableau élaboré à partir des données figurant dans le document « Les centrales nucléaires en service et en construction au Japon », Japan Atomic Industrial Forum (JAIF)

Tableau 10 : les centrales japonaises classées par ordre d'ancienneté

Ensuite, les centrales nucléaires ont proliféré dans le monde entier, et avec elles les dangers et les problèmes ; peu à peu, on a compris que l'énergie nucléaire n'était pas le bon choix. Depuis une vingtaine d'années, le nombre d'étudiants dans cette branche a fortement diminué. Toutes les facultés au nom de l'atome ont disparu des sept anciennes universités impériales, et aujourd'hui, il n'en subsiste plus que dans un nombre restreint d'autres universités. Le ministère de l'Éducation et des Sciences promet des subventions, mais comme les étudiants ne sont pas au rendez-vous, les universités n'ouvrent pas de nouveaux départements. Nous allons néanmoins absolument avoir besoin de spécialistes. Pour le démantèlement, mais aussi pour les déchets nucléaires hautement radioactifs – l'équivalent de 1,2 million de fois la bombe atomique de Hiroshima –, dont il va bien falloir s'occuper. Mais sous prétexte que notre génération a rêvé du nucléaire et produit des détritus auxquels il faut régler leur sort, intimer aux jeunes d'y consacrer leur vie me paraît délicat.

La paix ne se construit pas sur des rapports de force

Les ambitions du gouvernement japonais et les calculs des États-Unis

Aujourd'hui, la puissance qui domine le monde, c'est l'ONU. Le terme de Nations unies désigne les Alliés qui, durant la Seconde Guerre mondiale, ont combattu l'Allemagne, l'Italie et le Japon, et qui sont à l'origine de l'ONU. La Charte des Nations unies comprend un article sur les pays ennemis – c'est-à-dire l'Allemagne, l'Italie et le Japon –, dont la teneur autorise les membres de l'ONU à entreprendre toute action nécessaire envers eux. Cet article existe toujours. Les Alliés, c'était une cinquantaine de pays, mais si parmi eux les États-Unis, la Russie, le Royaume-Uni, la France et la Chine sont devenus membres permanents de l'organisation, c'est parce qu'ils disposaient de l'arme nucléaire. Cela signifie que sa possession constitue une condition *sine qua non* pour dominer le monde aujourd'hui. Considérer qu'il est indispensable de posséder l'arme atomique pour avoir du poids dans le monde n'a donc rien d'étonnant.

Les membres permanents du Conseil de sécurité des Nations unies ont concocté le Traité sur la non-prolifération des armes nucléaires pour s'assurer qu'eux seuls en disposeraient, s'en arrogeant le monopole. Puis, grâce à la « mafia nucléaire » internationale qu'est l'AIEA (l'Agence internationale de l'énergie atomique), ils ont mis en place un système de surveillance des autres pays. Alors, ceux-ci sont mécontents. Ils veulent à tout prix se procurer l'arme nucléaire pour entrer eux aussi dans le cercle des nations dominantes, c'est bien naturel. Voilà pourquoi, à mon avis, les dirigeants de nombreux pays du monde cherchent à se procurer l'arme atomique, obnubilés par la pensée qu'elle est indispensable pour dominer le monde.

Cette façon de voir les choses est bien évidemment aussi celle du gouvernement PLD du Japon qui, dans les faits, a signé avec les États-Unis l'accord nucléaire nippo-américain (Accord de coopération entre le gouvernement des États-Unis d'Amérique et le gouvernement du Japon sur les usages pacifiques de l'énergie nucléaire) et obtenu, sous couvert d'un usage civil, les trois technologies – enrichissement de l'uranium, réacteurs nucléaires et retraitement des déchets – nécessaires à la fabrication de l'arme nucléaire. Le Japon est le seul pays au monde qui, sans être doté de l'arme atomique, est *de facto* une puissance nucléaire, une situation extrêmement particulière. Pourquoi les États-Unis acceptent-ils cela ? Parce que cet accord nucléaire bilatéral se place dans le sillage du traité de sécurité nippo-américain et de l'accord sur le statut des forces stationnées (SOFA) visant à faire du Japon une sorte de pays-satellite des États-Unis, ce qui, à leurs yeux, mérite bien quelques compensations.

Néanmoins, les États-Unis se sont malgré tout opposés, parmi ces trois technologies, à laisser le Japon retraiter les déchets nucléaires. Parce que le retraitement, c'est la technologie qui permet d'obtenir du plutonium, ingrédient de l'arme atomique, grâce à quoi le Japon serait en mesure de s'en doter à tout moment. Le Japon, lui, tenait justement à tout prix au retraitement. Finalement, en 1977, alors que les États-Unis s'apprêtaient à lancer un appel mondial contre le retraitement du combustible usé afin de limiter la prolifération des armes nucléaires, le Japon est parvenu, au terme d'une lutte serrée, à arracher l'accord des Américains, à la condition de mélanger le plutonium obtenu à de l'uranium. Pour résumer, les États-Unis ont cédé parce qu'il s'agissait du Japon. Voilà comment, au bout du compte, l'usine de retraitement de Tôkai a été mise en service, avec l'aide de la France. Si le Japon a bénéficié du concours français, c'est parce que les États-Unis, en tête du mouvement anti-prolifération précédemment évoqué, s'étaient déjà retirés du retraitement commercial des déchets nucléaires.

Les pays du monde entier, en particulier la Corée du Sud et l'Iran, critiquent le traitement de faveur accordé au Japon par les États-Unis, qui feraient ainsi deux poids, deux mesures. Si, malgré tout, les États-Unis ne font pas ouvertement pression pour que le Japon renonce au nucléaire, c'est parce qu'ils entendent utiliser ce pays-satellite. Dans quel but ? Pour gagner de l'argent.

Les États-Unis, qui ont entamé en 1974 leur sortie du nucléaire, ont déjà perdu toute capacité de production de réacteurs atomiques. Mais ils détiennent des brevets dans ce secteur. Et comme ils ont construit trop de sites d'enrichissement d'uranium, ils possèdent aussi des montagnes d'uranium enrichi. Donc, ils vendent des réacteurs nucléaires, et aussi du combustible nucléaire pour faire bonne mesure, et plus ils en vendent, plus ils gagnent d'argent. En impliquant le Japon dans ce secteur, ils cherchent encore à gagner de l'argent en faisant fonctionner les lignes de production japonaises, et en vendant aux pays d'Asie. Par ailleurs, ils tablent aussi certainement sur le frein que cela constitue face à la Chine. Dans tout cela, qu'en est-il du Japon ? Lui non plus ne souhaite pas sortir du rôle de satellite des États-Unis, maîtres du monde. Les fabricants de centrales nucléaires, qui ont construit des sites de production, sont prisonniers de ce secteur, même s'ils ne peuvent vendre davantage de réacteurs au Japon. Alors, ils tentent d'en vendre à l'étranger. Cette imbrication de calculs étatiques et industriels fait que ni le Japon ni les États-Unis n'ont encore renoncé au nucléaire.

L'accord nucléaire nippo-américain arrivera à terme en 2018 ; il doit être abandonné. Le Japon doit prendre son indépendance des États-Unis, au vrai sens du terme.

La Constitution du Japon

Posséder l'atome est une force pour dominer le monde, c'est aussi l'avis des différents gouvernements PLD, mais on ne peut guère construire la paix sur une logique de force. Il faudrait finir par le comprendre. Protéger la liberté, la paix, c'est extrêmement difficile. Construire la liberté et la paix aussi.

Dans le préambule de la Constitution du Japon, il est écrit ce qui suit :

> *Décidés à ne jamais plus être les témoins des horreurs de la guerre du fait de l'action du gouvernement, nous proclamons ici que le pouvoir souverain appartient au peuple et établissons cette Constitution.*

Pour résumer, afin que le gouvernement ne commette pas d'erreurs, le peuple le surveille attentivement, nous en avons décidé ainsi, c'est cela la Constitution du Japon. Chacun d'entre nous doit être vigilant. Sinon, nous ne pourrons prétendre ni à la liberté ni à la paix, et il y aura de nouveau la guerre, voilà ce que dit le préambule de la Constitution. Il est aussi écrit ceci :

> *Nous sommes résolus à préserver notre sécurité et notre existence, confiants en la justice et en la foi des peuples du monde épris de paix.*

Nous n'avons pas choisi d'assurer notre sécurité par la force militaire. Nous avons décidé de préserver notre sécurité en plaçant notre confiance non pas dans l'armée, mais dans la justice et la foi des peuples du monde.

C'est immense, et loin d'être aisé. Notre peuple a couché sur le papier son engagement à endosser une responsabilité considérable. Et aussi :

> *Nous reconnaissons à tous les peuples du monde le droit de vivre en paix, à l'abri de la peur et du besoin.*

Cela ne concerne pas seulement le Japon. Nous reconnaissons que les habitants des pays du monde entier ont le droit de vivre en paix. Notre pacifisme n'est pas celui d'un seul pays. Nous renonçons à notre armée au bénéfice de la paix dans le monde, et nous nous en remettons à la justice et à la foi des autres peuples. Cette Constitution est admirable.

Le manque de fiabilité des technologies nucléaires japonaises

La folle course à l'exportation de l'atome

Le Japon s'efforce aujourd'hui, avec le premier ministre Shinzô Abe comme commercial, de vendre des centrales nucléaires à l'étranger. Alors que la totalité du parc est à l'arrêt, le redémarrage reporté *sine die*, et que le lancement de nouveaux chantiers semble compromis, l'industrie nucléaire japonaise se trouve contrainte de miser sa survie sur l'exportation. Mais nous savons que les centrales nucléaires sont porteuses d'un danger tel que nous ne pouvons plus l'accepter sur notre sol. Que les Japonais, qui peuvent s'enorgueillir d'une Constitution appelant de tous ses vœux la paix dans le monde, imposent ce danger à d'autres pays est impardonnable.

En Europe de l'Est et dans les économies émergentes, la demande en centrales nucléaires augmente fortement, les prévisions font état de la construction de 90 à 370 réacteurs d'ici 2030. Pourquoi veulent-ils à ce point des centrales nucléaires ? Je peine à imaginer que la seule production d'électricité soit leur unique but. Comme je l'ai déjà évoqué, sans doute veulent-ils l'arme nucléaire.

Au Japon, on utilise deux termes distincts : nucléaire et atomique ; nucléaire évoque les usages civils et atomique les usages militaires, mais il s'agit de la même chose. Si le Japon s'est lancé dans le nucléaire, soi-disant pour un usage civil, le véritable objectif était de se procurer du plutonium, ingrédient de l'arme atomique.

Le nucléaire, c'est l'atome.

C'est l'arme atomique.

De ce fait, exporter les technologies nucléaires revient à exporter les technologies de l'arme atomique. Le Japon s'engage dans une voie extrêmement périlleuse.

Le Japon, en retard dans le nucléaire

Ensuite, on lit parfois des articles, dans les journaux notamment, qui s'inquiètent de voir « le savoir-faire pointu du Japon dans le domaine du nucléaire fuir à l'étranger ». Il semblerait que beaucoup de personnes se méprennent, je le dis donc : les technologies japonaises du nucléaire ne sont en rien pointues. Les Japonais voient le Japon comme un pays avancé en matière technologique et ils se laissent persuader que, dans le secteur du nucléaire aussi, il se trouve à la pointe du progrès, mais ce n'est absolument pas le cas. En matière de technologies nucléaires, le Japon est au contraire en retard.

En 1977, la France a construit pour nous l'usine de retraitement de Tôkai ; à l'époque, nous dépendions des usines britannique et française. Ensuite, nous avons peu à peu appris les techniques sur le site de Tôkai, avant de tenter de construire à Rokkasho une usine de retraitement purement japonaise, sans y parvenir pour autant ; une fois encore, c'est la France qui s'en est chargée. La situation étant vraiment embarrassante, nous avons voulu assurer tant bien que mal, avec des technologies japonaises, uniquement la partie consistant à vitrifier les effluents hautement radioactifs issus du retraitement. Là encore nous avons échoué : le processus est à l'arrêt aujourd'hui.

Ensuite, en 1999, un accident de criticité s'est produit dans l'usine de conversion d'uranium de Tôkaimura (préfecture d'Ibaraki). C'est ce qu'on appelle « l'accident nucléaire de Tôkaimura ». Lorsque cette information a été diffusée, à vrai dire, j'ai pensé que c'était impossible. Parce qu'un accident de criticité, évidemment, ne doit pas arriver ; il s'en est malgré tout produit plusieurs dans le monde depuis les débuts du nucléaire, mais pas depuis la première moitié des années 1970. Ce type d'accident n'arriverait plus jamais, c'était devenu une évidence au sein de la communauté nucléaire. Pour faire bref, l'uranium naturel existe sur Terre, faiblement concentré et dispersé, une situation dans laquelle il n'atteint jamais sa masse critique. Tant qu'une certaine quantité d'uranium n'est pas concentrée en un même lieu, il n'y a pas criticité ; de longues recherches ayant permis de comprendre exactement quelles sont les configurations à éviter, chaque pays gère l'uranium de façon adéquate. Et pourtant, dans l'usine de JCO (Japan Nuclear Fuels Conversion Company), l'État a agréé une grande cuve de précipitation dans laquelle des ouvriers sans connaissances sur la criticité ont versé une quantité d'uranium sous forme liquide supérieure à la masse critique, ce qui a provoqué l'accident.

La cause de l'accident est imputée au fait que les employés n'ont pas respecté la procédure établie, mais les promoteurs du nucléaire ont toujours répété que les sites nucléaires étaient sûrs (*fail-safe*) et infaillibles (*fool proof*), c'est-à-dire que la sécurité était assurée y compris en cas d'accident ou si un employé commettait une erreur stupide. Les ouvriers n'ont pas respecté la procédure, c'est un fait, mais l'usine aurait dû être conçue dès le départ de sorte à exclure tout accident de criticité, même dans un tel cas. Bref, le Japon n'est même pas capable d'assurer ne serait-ce que le maniement de base de l'uranium, pourtant mondialement établi.

Et ce pays a jusqu'ici construit 58 réacteurs nucléaires, dont la sécurité a été formellement garantie par le PLD, mais où de nombreux incidents plus ou moins graves se sont produits. Enfin, en mars 2011, hélas, un accident dramatique a frappé la centrale nucléaire de Fukushima Daiichi. Bien que près de quatre années se soient écoulées depuis, de nombreux ouvriers continuent à être irradiés sans qu'on sache même comment maîtriser la situation ni stopper les rayonnements ionisants libérés dans l'environnement : voilà la réalité qui s'offre à nous. La preuve en est qu'on ne peut absolument pas compter sur les technologies nucléaires japonaises.

L'exportation de technologies nucléaires engendre d'énormes risques financiers pour les entreprises. Par exemple, Mitsubishi Heavy Industries, dont les générateurs de vapeur fournis à la centrale nucléaire de San Onofre en Californie ont connu une fuite d'eau de refroidissement chargée en substances radioactives à l'origine de la mise à l'arrêt définitif du réacteur, s'est vu réclamer en octobre 2013 par l'exploitant Southern California Edison quelque 4 milliards de dollars (environ 410 milliards de yens) de dédommagements, frais de démantèlement compris, une affaire qui a été portée devant les tribunaux. Ce montant représenterait près du triple du bénéfice d'exploitation de MHI pour l'exercice 2012.

Les dédommagements ne sont pas le seul risque. Toujours d'après cet article, la première commande est une sorte d'accord provisoire, sur la base duquel sont menées des études environnementales – sur les sols par exemple – et économiques, qui prennent plusieurs années. Si l'on découvre par exemple une faille sismique active sous l'emplacement choisi, il arrive que le contrat ne soit jamais conclu. Une entreprise doit avoir les reins suffisamment solides pour résister à cela.

Shinzô Abe s'emploie à vanter le nucléaire japonais, mais vendre des centrales nucléaires à l'étranger, c'est, avec chaque contrat, augmenter d'autant le risque qu'un accident nucléaire se produise sur le globe. Par la même occasion, cela ne peut manquer de contribuer à la prolifération des armes nucléaires et de menacer la paix mondiale. Enfin, c'est aussi un immense risque encouru par les industriels du nucléaire.

L'énergie nucléaire, symbole de la discrimination

Ceux qui ne profitent pas de l'électricité mais en paient le prix

L'appel de l'ancien premier ministre Junichirô Koizumi à une « sortie immédiate du nucléaire » a suscité des remous dans tout le Japon. Néanmoins, il est clair que son raisonnement – « puisqu'aucune solution ne se profile au stockage définitif des déchets, le nucléaire doit être abandonné » – est correct. Le PLD, le monde des affaires et les acteurs du secteur de l'électricité qui le soutiennent jugent cette déclaration irresponsable, mais à mes yeux, repousser la question du stockage définitif afin de satisfaire des intérêts immédiats l'est bien plus.

Intéressons-nous à l'opinion des parlementaires japonais sur les lieux de stockage définitif. Le *Shûkan Asahi* du 20 décembre 2013 publiait les résultats d'une enquête sur la politique nucléaire menée auprès de l'ensemble des députés ; sur les 480 élus auxquels le sondage a été envoyé, 110 ont pris la peine d'y répondre. Parmi eux, 58 ont répondu à une question sur l'« enfouissement des déchets hautement radioactifs » : 28 le jugent impossible au Japon, 21 estiment qu'il doit absolument être fait au Japon et 9 pensent que des solutions existent, sans nécessairement se situer sur le territoire japonais. Plus de la moitié de ceux qui ont répondu envisagent de jeter les déchets radioactifs ailleurs qu'au Japon. Mais où ? Dans la mer, c'est impossible. De même dans l'espace. Dans ce cas, il ne reste qu'une solution, le sous-sol d'un pays tiers.

À vrai dire, dans son discours commercial destiné à l'étranger, le Japon, afin de ne pas être en reste face à la Russie et à la Corée du Sud, propose de récupérer les déchets atomiques produits par les centrales nucléaires. Alors qu'il n'y a pas au Japon d'endroit où jeter nos propres déchets nucléaires. Quelle solution est envisagée ? Il s'agit de les renvoyer là où l'uranium a été extrait pour commencer.

C'est étonnant, mais les lieux où l'on trouve de l'uranium, aux États-Unis comme en Australie, en Inde ou en Mongolie, sont presque toujours ceux où vivent ceux qu'on appelle les peuples autochtones. Bien entendu, ils ne profitent quasiment pas de l'électricité, et en plus, mobilisés pour servir de main-d'œuvre, ils se font irradier, avant de l'être une nouvelle fois par les déchets d'uranium usé, et ce depuis longtemps.

Le Japon a, un temps, considéré la Mongolie comme une possibilité concrète de stockage des déchets atomiques, perspective qui semble avoir été abandonnée en raison du refus mongol.

En même temps que l'enquête évoquée plus haut était publié le commentaire suivant, émanant du député PLD Kôji Sakamoto, élu des zones sinistrées de la préfecture de Fukushima.

Je pense qu'il faut construire au Japon un site de stockage définitif comme celui d'Onkalo, un projet qui devra être lié à la délocalisation des fonctions administratives de la capitale, comme je l'ai toujours plaidé. Hélas, ma proposition ne suscite guère d'intérêt.

Le lieu de stockage définitif doit être construit là où le sous-sol est le plus stable. C'est-à-dire dans un endroit idéal pour y délocaliser la capitale aussi.

Les déchets seront enfouis en plein sous le nouveau Parlement, et les parlementaires travailleront au-dessus.

S'ils veulent que la population comprenne qu'il n'y a pas de danger, les parlementaires doivent sans doute faire preuve d'une telle détermination.

Extrait de l'article « Construire Onkalo sous le Parlement », *Shûkan Asahi* (numéro du 20 décembre 2013)

Je suis parfaitement d'accord.

Pour éviter de réitérer les mêmes erreurs

La mafia nucléaire

Le village nucléaire, un groupe criminel

Je pense que les lecteurs l'auront remarqué, mais, dans ce livre, pour désigner la puissante force d'influence qui promeut l'énergie nucléaire, j'ai délaissé le terme de « village nucléaire » utilisé jusqu'à présent au profit de celui de « mafia nucléaire ». Parce qu'il m'est récemment apparu que l'appellation de « village nucléaire » était erronée. En effet, un village, c'est le regroupement de personnes variées, c'est-à-dire une structure qui se constitue en communauté, mais celle que je désignais jusqu'à présent par le label de « village nucléaire », si elle possède certes cette facette, est davantage qu'une simple communauté : elle m'apparaît aujourd'hui comme un groupe criminel.

Au Japon, l'énergie nucléaire relève d'abord d'un choix de l'État. Ensuite, l'État a édicté la loi régissant l'activité électrique et mis en place un système grâce auquel plus les compagnies d'électricité utilisent l'énergie nucléaire, plus elles s'enrichissent, afin de se les attacher. Les fleurons de l'industrie japonaise que sont Hitachi, Mitsubishi et Toshiba cherchent également à bénéficier de la manne nucléaire, entourés d'une myriade d'entreprises, à commencer par les grands maîtres d'œuvre. Les médias, les scientifiques, les tribunaux et même les syndicats n'ont fait qu'un dans la promotion de l'énergie nucléaire. Et tous savaient que cette technologie recelait d'immenses dangers... La preuve en est qu'ils n'ont pas construit les centrales nucléaires dans les grandes villes, mais les ont imposées aux villes et villages de province en proie à des difficultés financières. Et cela sans que personne ne tente de stopper la course effrénée du nucléaire. Pour finir, un accident irréparable s'est produit à la centrale de Fukushima Daiichi.

Ce contexte autour du nucléaire offre des similitudes frappantes avec la seconde guerre mondiale. Autrefois aussi, alors qu'au sein même de l'armée certains savaient que la guerre n'avait aucune chance d'être gagnée, personne n'a osé le dire. Presque tous se sont laissés entraîner par le flot.

Le « village nucléaire » qui, de la même façon, a usé du pouvoir et de l'argent pour bâillonner les plus faibles, portant bien haut la bannière de la promotion de l'énergie nucléaire, n'est rien d'autre qu'une organisation criminelle. L'appellation de « mafia nucléaire » est vraiment méritée.

Tant de vies perdues dans l'accident de Fukushima

« Vous avez beau dire, l'accident de Fukushima n'a pas fait un seul mort », affirment, paraît-il, certains partisans de l'énergie nucléaire. Cela me sidère. Des gens qui sont morts, il y en a tant et plus.

Par exemple, à Ôkuma, bourg dans lequel se situe la centrale nucléaire de Fukushima Daiichi, il y avait un grand établissement hospitalier, l'hôpital Futaba. Il était situé à quatre kilomètres de la centrale. Environ 440 patients y étaient hospitalisés. Des explosions ont commencé à secouer la centrale, qui a libéré des rejets radioactifs et, sur les dosimètres, les chiffres ont grimpé. Au fil du temps, même les policiers ont jugé qu'il ne restait plus qu'à fuir. Déplacer des patients hospitalisés comporte d'énormes risques, le personnel soignant devait être très ennuyé. Mais face aux radiations, il n'était pas question de rester sur place. Ils ont donc transporté les patients sur des brancards jusqu'au rez-de-chaussée, puis dans des véhicules pour les évacuer. Cela a demandé un immense effort. Mais pendant le transfert, des patients sont morts, les uns après les autres. Quarante-cinq personnes sont décédées dans ces circonstances (*Mainichi Shimbun* du 26 avril 2011).

Cela ne concerne pas que l'hôpital. Chez les particuliers aussi, des personnes incapables de se mouvoir par leurs propres moyens, faute d'aucun secours, sont décédées à leur domicile. Parmi les gens forcés d'évacuer et envoyés dans les refuges aussi, beaucoup ont trouvé la mort, en particulier des personnes âgées.

Il y a également eu d'autres cas. Un éleveur des environs de la centrale a laissé un message sur le mur de son étable « Si seulement la centrale nucléaire n'existait pas », avant de se pendre. Un autre agriculteur, devant ses choux contaminés par les radiations, s'est pendu dans son champ.

Les êtres humains ne sont pas les seuls à avoir péri. Les vaches, chevaux et cochons que les éleveurs considèrent comme leur propre famille, mais aussi les animaux domestiques, chiens et chats, abandonnés, sont morts un à un. Dans certains cas, leurs propriétaires, incapables de les laisser mourir enfermés, les ont libérés et les animaux ont erré dans les rues désertes. Le gouvernement, craignant de les voir sortir des zones contaminées, les a fait abattre.

Un crime difficilement pardonnable

Ce qui est difficilement pardonnable, c'est que l'État, dans ce contexte, cherche encore à promouvoir massivement l'énergie nucléaire. Un accident inacceptable s'est produit dans la centrale nucléaire de Fukushima Daiichi que l'État lui-même avait agréée comme « sûre » ; la situation est loin d'être sous contrôle : les causes mêmes de l'accident sont non élucidées, les responsabilités toujours pas établies. Et pourtant, le premier ministre Shinzô Abe, à la tête de l'actuel gouvernement PLD, entend « confirmer la sécurité » des centrales nucléaires pour le moment à l'arrêt avant de les faire redémarrer, il prévoit aussi d'en construire de nouvelles et annonce même leur exportation grâce à nos technologies *numéro 1 au niveau mondial.* C'est parfaitement insensé. Pour couronner le tout, ces orientations ont été décidées par les bureaucrates du ministère de l'Économie, du Commerce et de l'Industrie immédiatement après l'accident de Fukushima, c'est écœurant.

Enfin, en septembre 2013, Shinzô Abe a déclaré devant le monde entier que l'eau contaminée était « sous contrôle », afin de décrocher l'organisation des Jeux olympiques. Quelle blague ! Pour commencer, son devoir serait avant tout de secourir les victimes de Fukushima qu'il a plongées dans le malheur le plus extrême. Ensuite, la question ne sera pas résolue simplement en endossant une quelconque responsabilité.

Soit dit en passant, dans la quatrième *Enquête sur les habitants évacués dans le cadre de l'accident nucléaire*, menée de la fin octobre à la mi-novembre 2013 par l'*Asahi Shimbun* et l'université de Fukushima, à la question « Pensez-vous que l'attribution des Jeux olympiques à Tokyo aura un impact sur la reconstruction à Fukushima ? », 34 % des sinistrés ont répondu « Il y aura un impact négatif », soit plus du double des 14 % qui ont répondu « Il y aura un impact positif » (figure 21).

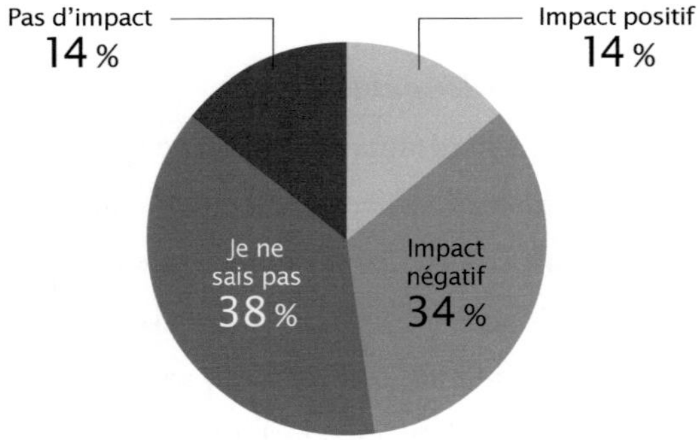

Source : tableau tiré de l'*Asahi Shimbun* (« Le séisme du nord-est du Japon, 1000 jours plus tard », 4 décembre 2013)

Figure 21 : Pensez-vous que l'attribution des Jeux olympiques à Tokyo aura un impact sur la reconstruction à Fukushima ?

Tepco, une faillite nécessaire

Ensuite, la responsabilité majeure de cet accident, sa responsabilité directe, revient bien évidemment à la Compagnie d'électricité de Tokyo. Cette entreprise doit être, par tous les moyens, mise devant ses responsabilités, et elle doit être acculée à la faillite. Mais hélas, les banques continuent à lui accorder des prêts, il y a encore au Japon des gens qui tentent d'assurer sa survie, et ni le président ni le PDG n'ont été inquiétés. Les autres membres du conseil d'administration, les cadres dirigeants et les employés aussi, tous continuent à toucher de substantielles rémunérations. Quand les tarifs de l'électricité ont été augmentés, leurs traitements et salaires ont paraît-il été amputés de 20 à 30 %, mais lorsqu'on pense au revenu annuel moyen des Japonais, et plus encore aux épreuves endurées par les sinistrés, cela me paraît encore bien faible.

Mais si, au Japon, on ferme ainsi les yeux sur cette question, le monde fait preuve de davantage de sévérité. Le 2 décembre 2013, la compagnie d'assurances norvégienne KLP a annoncé avoir vendu ses parts dans la Compagnie d'électricité de Tokyo. La raison en est évidemment « Fukushima ». « Bien que trois années se soient écoulées, la situation n'est pas maîtrisée. Le risque d'une nouvelle contamination radioactive existe toujours », a commenté un investisseur lié à KLP, comme l'ont rapporté les médias (Reuters, 2 décembre 2013).

Par une étrange coïncidence, le même jour, une autre information tombait : « 1 700 départs volontaires chez Tepco » (Kyodo News, 2 décembre 2013). La baisse de rémunération et les inquiétudes liées au sort incertain de l'entreprise sont semble-t-il en cause, mais après avoir engrangé des salaires plutôt considérables, s'enfuir (démissionner) sans prendre ses responsabilités lorsqu'un accident se produit, c'est scandaleux.

Effacement du souvenir et dissimulation des informations

« Fukushima » n'a jamais eu lieu

Les informations sur Fukushima diminuent à vue d'œil. Il me semble aussi que l'ampleur des souffrances des victimes n'est presque plus abordée dans les médias. « Faire redémarrer les centrales nucléaires », « construire de nouvelles centrales nucléaires », « exporter les centrales nucléaires à l'étranger », pour réaliser tout cela, « faire oublier l'accident nucléaire de Fukushima » est devenu une nécessité pour la mafia nucléaire. Bref, il s'agit de faire comme si cet accident n'avait jamais eu lieu. Et les médias, une fois encore, y participent, me semble-t-il.

L'*Enquête sur les habitants évacués dans le cadre de l'accident nucléaire* précédemment évoquée comportait également une question sur l'effacement du souvenir de l'accident ; les réponses montrent que plus de 80 % des victimes considèrent que l'accident de Fukushima tombe dans l'oubli au niveau national (figure 22). Comme les Japonais ont, à la base, tendance à penser que « mal passé n'est qu'un songe », on ne peut pas affirmer qu'il s'agit uniquement des effets de la stratégie de la mafia nucléaire, mais s'ils cherchent à nous faire oublier Fukushima, ce qu'il nous faut, c'est refuser l'oubli.

Le nucléaire, l'énergie d'un avenir radieux

Le nucléaire : dynamisme local et avenir prospère

Le nucléaire pour une société opulente et une ville riche

Le nucléaire, bien le comprendre pour un quotidien prospère

Ces phrases sont les slogans inscrits sur des arches érigées dans le bourg de Futaba, aujourd'hui ville fantôme dont la population entière a été évacuée. Quelque vingt-sept années avant l'accident, ces formules ont été inventées par les écoliers de l'époque, paraît-il. Dans le photo-reportage d'un magazine, un cliché de l'ancien maire de la localité, Katsutaka Idogawa, debout dans une combinaison de protection blanche sous un panneau clamant *Le nucléaire, l'énergie d'un avenir radieux*, a été publié en pleine page. La photographie était accompagnée du commentaire suivant :

« Aujourd'hui, tout cela est d'une telle ironie. Loin d'un «avenir radieux», les habitants ont tout perdu. La ville est sous la coupe des radiations. », « Je souhaite toujours retourner vivre à Futaba, ma ville natale. Ce panneau, il faut le garder comme le souvenir d'un héritage négatif. Nous ne voulons plus du nucléaire. » (*Shûkan Gendai* daté du 30 novembre 2013)

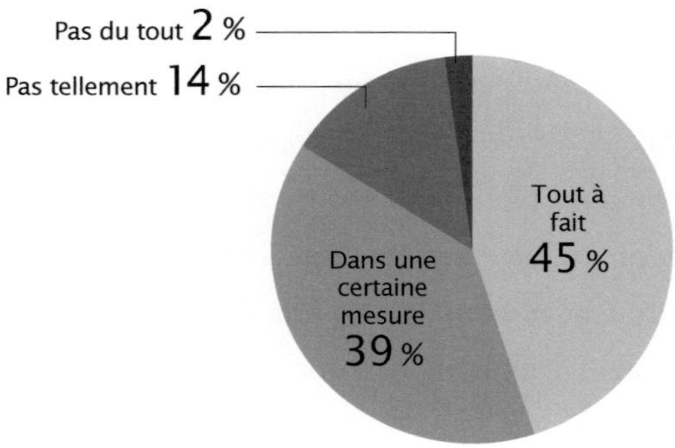

Source : tableau tiré de l'*Asahi Shimbun* (« Le séisme du nord-est du Japon, 1000 jours plus tard », 4 décembre 2013)

Figure 22 : Vous semble-t-il parfois que l'accident s'efface des mémoires, que le pays oublie Fukushima ?

L'adoption de la loi sur la protection du secret

Au Japon, il existe une loi appelée Loi fondamentale sur l'énergie nucléaire. Elle a été promulguée en 1955. Quelles en sont les grandes orientations ? Les voici : « L'usage de l'énergie nucléaire est limité à des fins pacifiques, avec pour objectif d'assurer la sécurité, dans le cadre d'une gestion démocratique, de façon indépendante, et les résultats sont rendus publics afin de participer activement à la coopération internationale. » Il est stipulé « limité à des fins pacifiques », mais en réalité, l'objectif était de s'assurer le potentiel nécessaire à la fabrication d'armes atomiques, et le Japon a accumulé, jusqu'à aujourd'hui, d'énormes quantités de plutonium. Il ne s'agit pas d'élucubrations de ma part, comme le montre le texte qui suit :

> *En ce qui concerne les armes atomiques, hors de tout lien avec une éventuelle participation au TNP, notre stratégie reste dans l'immédiat de ne pas en posséder, tout en ayant soin de maintenir constamment un potentiel économique et technologique de fabrication d'armes atomiques et de ne pas subir d'entraves à ce sujet. Par ailleurs, il convient d'éclairer la population sur le fait que la stratégie relative aux armes atomiques de manière générale repose sur un équilibre d'intérêts géopolitiques et économiques, et d'éviter d'inutiles troubles intérieurs dans l'éventualité, à l'avenir, de la présence sur le territoire d'armes atomiques tactiques.*

Il s'agit d'un extrait du Cadre pour la stratégie diplomatique nationale établi en 1969 ; il y a 45 ans, déjà, le Japon promouvait l'énergie nucléaire dans le cadre d'une telle stratégie.

Par ailleurs, un responsable du ministère des Affaires étrangères a indiqué, à titre personnel, en réponse à une interview dans un journal, que la force diplomatique japonaise repose sur le fait qu'« il vaut mieux ne pas écarter la possibilité du choix de l'armement atomique », « nous avons la capacité de devenir une puissance nucléaire, mais la stratégie dans l'immédiat est de ne pas s'équiper » et, dans cette optique, « il est nécessaire de stocker du plutonium et de développer des technologies astronautiques applicables aux missiles. » (*Asahi Shimbun*, 19 janvier 1992.)

En tant qu'individu évoluant dans le secteur du nucléaire, je considère que l'atome est foncièrement dangereux et, dans la mesure où le gouvernement japonais nourrit de si funestes intentions, il est encore plus nécessaire d'exercer une stricte surveillance. Je ne suis pas le seul : environ 70 % de la population est opposée au nucléaire. Et la loi sur la protection du secret, à laquelle encore plus de Japonais sont défavorables – plus de 80 % de la population – a été adoptée en force par le PLD le 26 novembre 2013, en assemblée délibérante de la Chambre basse. Lors de l'audition publique tenue la veille à Fukushima, la totalité des intervenants, y compris ceux soutenus par le PLD, ont affirmé leur opposition à cette loi. Des institutions et organismes internationaux, à commencer par les spécialistes des droits de l'homme de l'ONU, ont aussi publié de nombreuses déclarations en ce sens. Sur le nucléaire comme sur la loi sur la protection du secret, alors même que tant de personnes font entendre leur désaccord, ni la volonté populaire ni l'opinion publique ne sont prises en compte.

Le point inquiétant dans l'adoption de cette loi sur la protection du secret, c'est que les informations relatives au nucléaire vont s'amenuiser. En effet, l'année précédente, en juin 2012, la loi fondamentale sur l'énergie nucléaire a été révisée. À l'orientation fondamentale présentée dans les pages précédentes a été ajoutée la phrase suivante, qui constitue l'article 2.

> *Concernant l'objectif d'assurer la sécurité figurant dans l'article précédent, il sera rempli dans le respect des normes internationales en vigueur, avec pour but de protéger la vie, la santé et les biens de la population, ainsi que l'environnement, et de concourir à la sécurité de la nation.*

La « sécurité » est sans doute un terme familier aux lecteurs ; comme dans le « traité de sécurité nippo-américain », c'est un mot du jargon militaire. Bref, le Japon, en matière de nucléaire, annonce clairement qu'il a pour objectif la sécurité nationale. Sans doute faut-il voir là les prémices de la mise en œuvre de ce passage du Cadre pour la stratégie diplomatique nationale de 1969 – « il convient d'éclairer la population sur le fait que la stratégie relative aux armes atomiques de manière générale repose sur un équilibre d'intérêts géopolitiques et économiques » –, c'est-à-dire informer le peuple que la possession ou non d'armes atomiques par ce pays, le Japon, est une question de stratégie, qui se décide en fonction d'avantages et d'inconvénients ; grâce à l'ajout de ces quelques mots, « concourir à la sécurité de la nation », cela peut devenir un secret à protéger. Les informations relatives au nucléaire étaient déjà peu nombreuses jusqu'à présent, mais avec l'entrée en vigueur de cette loi, sans doute le seront-elles encore moins.

Revenons sur le contenu du préambule de la Constitution du Japon.

Décidés à ne jamais plus être les témoins des horreurs de la guerre du fait de l'action du gouvernement, nous proclamons ici que le pouvoir souverain appartient au peuple et établissons cette Constitution.

Le rôle du peuple est de surveiller d'éventuels abus de pouvoir de l'État et, suivant la grande règle selon laquelle la liberté et les droits du peuple ne doivent pas être violés, l'État doit évidemment protéger la vie privée des individus ; que l'État fabrique des secrets à l'insu de la population, qu'il punisse les individus, est infect et pire que tout. Un tel État serait vraiment méprisable. Moi, je n'ai pas l'intention de me gêner pour autant. Je n'ai qu'une vie, alors j'entends évaluer posément l'histoire et les faits, sans me laisser embobiner. Je ne me laisserai pas intimider. Je souhaite vivre en accord avec mes principes. Je continuerai à être moi-même.

La responsabilité des scientifiques

Einstein a fui l'Allemagne nazie. Fin 1938, l'Allemand Otto Hahn découvre le phénomène de la fission nucléaire, qui ouvre la voie à la fabrication d'une bombe atomique, comme le comprennent de nombreux scientifiques. Aux yeux de Léo Szilárd, réfugié aux États-Unis pour fuir le nazisme, l'Allemagne nazie s'est attelée à la réalisation de cette bombe et si elle l'obtient, le monde s'effondrera ; il est déterminé à ce que les États-Unis réussissent en premier. Il convainc Einstein d'écrire au président américain Franklin Roosevelt pour lui suggérer d'étudier la fabrication d'une bombe atomique. Roosevelt lance alors le Projet Manhattan. Selon les évaluations, entre 50 000 et 100 000 personnes, ouvriers ou scientifiques, travaillent à l'élaboration de la bombe atomique. Ce projet associant de nombreux scientifiques remarquables a mobilisé pendant plusieurs années des sommes colossales, que le budget annuel du Japon d'alors n'aurait pas suffi à couvrir. C'est ainsi que voit le jour la bombe atomique utilisée lors de l'essai nucléaire Trinity.

Cet essai, effectué en 1945 dans le désert du Nouveau-Mexique, est couronné de succès. L'information est télégraphiée à Potsdam, petite ville de la banlieue de Berlin où sont réunis les dirigeants américain, britannique et soviétique – Truman, Churchill et Staline ; l'anecdote veut que Truman ait alors murmuré à l'oreille de Churchill, assis à côté de lui, « la bombe atomique est enfin prête. Après la guerre, le monde sera à nous. » C'était le 16 juillet 1945.

Mais au début de l'année 1945, l'issue de la guerre est déjà scellée et Szilárd lance une pétition parmi ses collègues scientifiques pour obtenir l'abandon des essais nucléaires ; Einstein aussi écrit une deuxième lettre à Roosevelt. Cependant, le président décède subitement au mois d'avril, sans que la missive lui parvienne. En mai, l'Allemagne nazie s'effondre. La fabrication de la bombe atomique a déjà perdu son sens. Mais, parce qu'un budget faramineux a été consacré à sa mise au point, il n'est pas question d'abandonner. Cette bombe sera larguée sur Hiroshima.

En apprenant la nouvelle, Einstein, affligé, aurait déclaré « s'il m'était donné de renaître, je ne voudrais plus être un scientifique. »

La science enfante aussi des horreurs, très éloignées des intentions des scientifiques, en voilà un bon exemple.

Repenser la consommation d'énergie pour le futur

Le Soleil, une source d'énergie inépuisable, mais...

Alors, quelle stratégie énergétique adopter désormais ? Je pense qu'il faut miser sur le Soleil. Nous avons vu dans les pages précédentes une figure montrant les réserves de ressources énergétiques de la planète (figure 18, page 132) ; en un an, le Soleil fournit à la Terre un volume d'énergie plus de quatorze fois supérieur au total des réserves ultimes de charbon, gaz naturel, pétrole, gaz de schiste, sable bitumeux et uranium. Les ressources fabriquées par la Terre au cours de sa longue histoire de 4,6 milliards d'années, même cumulées, ne souffrent pas la comparaison avec l'énergie dispensée en permanence par le Soleil. Nous ne pouvons pas nous griser indéfiniment avec l'énergie qu'est le nucléaire. Nous devons vite y renoncer et nous orienter vers les moyens d'utiliser l'énergie solaire sans nuire à l'environnement.

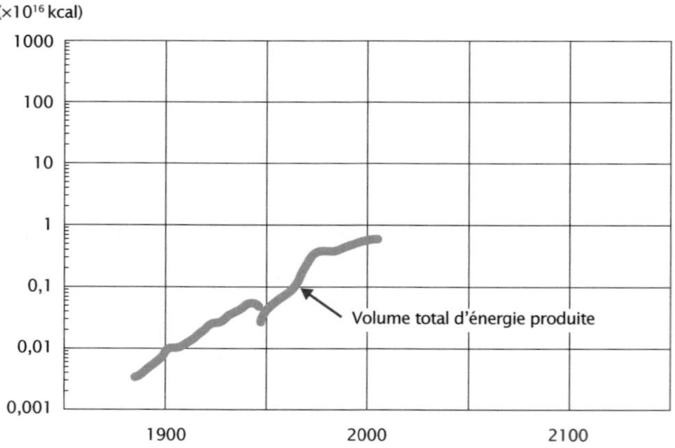

Source : tableau élaboré à partir du *Guide EMDC 2003 des statistiques sur l'énergie et l'économie du Japon* de l'Energy Data and Modelling Center, Institute of Energy Economics (IEEJ) et des statistiques générales sur l'énergie de l'agence pour les ressources naturelles et l'énergie du ministère de l'Économie, du Commerce et de l'Industrie

Figure 23 : la consommation d'énergie au Japon jusqu'à présent

Néanmoins, l'énergie solaire non plus ne peut être utilisée sans limites. La figure 23 montre la consommation d'énergie au Japon jusqu'à présent. L'axe des abscisses représente les années, à raison d'une case pour cinquante ans, et celui des ordonnées la quantité d'énergie, multipliée par dix lorsqu'on passe à la case supérieure. L'épaisse ligne grise indiquant la consommation réelle débute en 1880. En l'an 13 de l'ère Meiji (1880), alors que le Japon entame enfin sa mutation en un État moderne, la consommation d'énergie doit permettre de devenir un pays riche, avec pour mot d'ordre rattraper et dépasser l'Europe et les États-Unis ; la modernisation est lancée à marche forcée, inaugurant l'ère de la consommation énergétique à grande échelle.

L'énergie est alors consommée à foison mais, peu avant d'entrer dans la décennie des années 1950, survient la guerre du Pacifique. Il est alors impossible d'utiliser de l'énergie. Après-guerre, on entre dans la période de forte croissance économique. C'est ensuite la bulle économique, qui finit par éclater et aujourd'hui, la consommation énergétique est stable.

J'ai tracé une ligne pointillée un peu en dessous de la ligne 100 sur l'axe des ordonnées (figure 24, page 166). Elle représente la quantité d'énergie dispensée chaque année par le Soleil au Japon, pays de 378 000 kilomètres carrés de superficie. Ces pointillés marquent 100 %, ceux du dessous 10 %, puis 1 %. Plus bas figure encore une ligne, à 0,2 %, ce qui correspond à la part de l'énergie solaire nécessaire à la formation des phénomènes naturels, c'est-à-dire le vent, les vagues ou les courants atmosphériques par exemple.

Nous nous situons actuellement peu après l'an 2000, et, si l'on rapporte notre consommation d'énergie à celle dispensée par le Soleil, la proportion est d'environ 0,6 %. Nous utilisons de façon artificielle le triple de l'énergie consommée par les phénomènes naturels, un véritable luxe. Malgré tout, la nature tient bon, ce dont je lui suis reconnaissant.

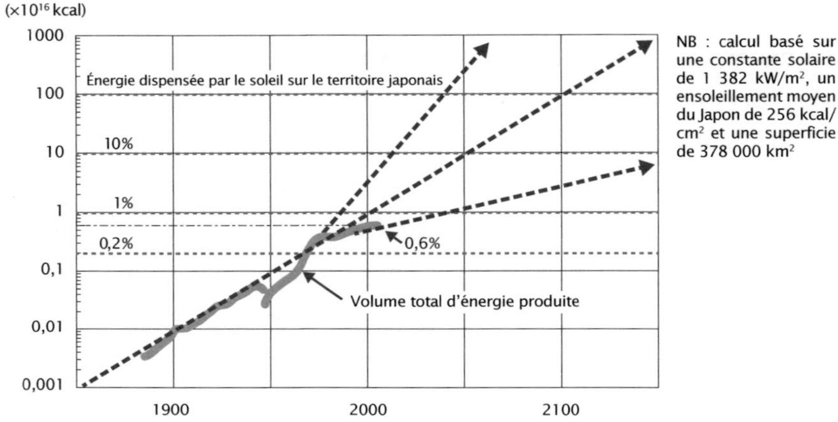

Source : tableau élaboré à partir du *Guide EMDC 2003 des statistiques sur l'énergie et l'économie du Japon* de l'Energy Data and Modelling Center, Institute of Energy Economics (IEEJ) et des statistiques générales sur l'énergie de l'agence pour les ressources naturelles et l'énergie du ministère de l'Économie, du Commerce et de l'Industrie

Figure 24 : la situation problématique du Japon

Alors, que se passera-t-il si nous persistons dans l'idée que plus on utilise d'énergie, plus on est prospère ? Trois grandes tendances prévisibles sont indiquées par des flèches pointillées (figure 24). En suivant celle du milieu, vers 2050, c'est-à-dire à environ une case de notre position actuelle, nous entrerions dans une ère où 10 % de l'énergie du Soleil serait consacrée aux activités humaines. Cinquante ans plus tard, 100 %, c'est-à-dire la totalité de l'énergie solaire disponible serait consommée par l'homme. Encore cinquante ans plus tard, en 2150, nous chercherions à utiliser dix fois plus d'énergie que celle dispensée par le Soleil au Japon. L'être humain pourrait-il vivre dans de telles conditions ?

Faire preuve de tendresse

Cependant, je ne pense pas que les choses se passent ainsi. Lorsqu'on examine les prévisions du ministère de l'Économie, du Commerce et de l'Industrie (ministère du Commerce international et de l'Industrie à l'époque de la création de la figure), à l'avenir, le volume d'énergie consommée (total de la demande en énergie) par les Japonais est censé augmenter (figure 25), mais le Japon entre désormais dans une ère de déclin démographique. Jusqu'en 2030, la population diminuera de 0,5 % par an, puis de 0,9 %, et enfin de 1 % à partir de 2050, d'après les prévisions du gouvernement lui-même. Il viendra donc forcément un moment où nous pourrons utiliser moins d'énergie, et nous devons aller en ce sens. Parallèlement à la diminution de la population, imaginons par exemple que chacun réduise sa consommation d'énergie de 1 % par an. Ce n'est pas si difficile, me semble-t-il. Dans ce cas, le Japon pourrait devenir, juste après 2050, une société où la consommation énergétique aurait baissé presque jusqu'au niveau de 0,2 % de l'énergie solaire nécessaire à la formation des phénomènes naturels, ce vers quoi nous devons tendre, pour le moins.

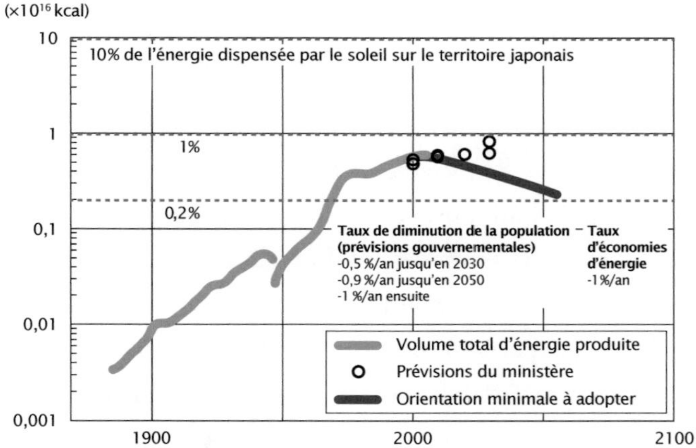

Source : tableau élaboré à partir du *Guide EMDC 2003 des statistiques sur l'énergie et l'économie du Japon* de l'Energy Data and Modelling Center, Institute of Energy Economics (IEEJ) et des statistiques générales sur l'énergie de l'agence pour les ressources naturelles et l'énergie du ministère de l'économie, du commerce et de l'industrie. Prévisions du ministère tirées du rapport de juin 1884 (révisé en juillet 2001) du groupe approvisionnement du comité d'enquête sur l'énergie (données pour 2000 et 2010), des prévisions à long terme de l'IEEJ (données pour 2010 et 2020) et du rapport du comité de vision pour l'énergie au 21e siècle du ministère de l'Économie, du Commerce, et de l'Industrie publié en octobre 1986 (données pour 2030)

Figure 25 : les choix pour l'avenir

La Terre bleue flottant dans l'univers d'un noir d'encre. Sur cette Terre, le Japon qui brille continuellement de mille feux. Même sans centrales nucléaires, nous avons suffisamment d'électricité. Mais, par-delà la question de savoir s'il y a assez d'électricité ou non, assez d'énergie, le nucléaire qui détruit les gènes, traits d'union de la vie, le nucléaire dont les plus vulnérables ont toujours à souffrir, le nucléaire ne doit pas être utilisé. Toutes les centrales nucléaires doivent immédiatement être démantelées.

Dans le même temps, en tant qu'individu né sur la Terre, cet astre exceptionnel, le seul de l'immense univers à porter la vie, il me semble relever de mon devoir de protéger l'écosystème qui assure ma survie. Vivre dans l'opulence n'a rien de répréhensible. Tout en recherchant la prospérité, nous devons changer de paradigme, trouver le bonheur sans avoir à utiliser d'énergie. Et construire petit à petit une structure sociale viable sans consommer d'énergie.

L'auteur américain Raymond Chandler a écrit dans son roman *Playback* « Il faut être un dur pour survivre. Mais il faut faire preuve de tendresse pour mériter de vivre. » Être un dur, écrit-il, mais tendre. Mais qu'est donc cette tendresse ? Je me suis posé la question toute ma vie. Depuis peu, j'en suis venu à penser que la tendresse se définit par le regard que l'on porte sur les êtres vivants qui ont plus de difficultés que soi à vivre. C'est valable pour les enfants de chaque pays, y compris au Japon, mais aussi pour les vaches et les chevaux, tous les êtres vivants. Soutenir les individus les plus fragiles socialement, bafoués par les pouvoirs, et toujours faire preuve de tendresse. C'est ce qu'il y a de plus fort, et c'est aussi la véritable force. En gardant cela à l'esprit, je continuerai à vivre selon mes principes.

Quatre ans ont passé...

Vendredi 30 août 2013. Pour la première fois, j'ai participé, au sein de la troupe de tambours, à la manifestation antinucléaire organisée tous les vendredis devant la résidence du Premier ministre. Je souhaitais le faire depuis longtemps, mais mon principal terrain de lutte, c'est l'énergie nucléaire, secteur dans lequel je me bats de mon mieux.

Voilà plus de quarante ans que j'œuvre à l'arrêt des centrales nucléaires, mais, face à l'autorité de l'État, aux influences conjuguées de géants de l'industrie et à la puissance des médias de connivence avec eux, mes forces ont été pratiquement inopérantes. J'ai toujours souhaité obtenir l'arrêt des centrales nucléaires avant qu'un accident catastrophique ne survienne, mais hélas celui de Fukushima a eu lieu. Je m'interroge sur ce qu'a été ma vie, je me sens réellement mortifié. Tout en donnant des conférences aux quatre coins du Japon, je ne cesse de penser que je préférerais ne pas avoir d'auditeurs, et que l'accident ne se soit pas produit.

Mais nombreux sont celles et ceux qui assistent à ces réunions, refusant d'oublier Fukushima, ce que je suis heureux de constater par moi-même. Qu'il existe encore des gens comme eux est le moteur grâce auquel j'arriverai peut-être à continuer d'œuvrer pour l'arrêt des centrales nucléaires.

Autrefois, dans *Monsieur Verdoux*, qu'il a réalisé après la seconde guerre mondiale, Chaplin a fait dire au personnage principal : « Si vous tuez une personne, vous êtes un assassin, mais si vous en tuez un million, vous êtes un héros. »

Les crimes perpétrés par le pouvoir ne peuvent être condamnés que par un pouvoir supérieur, l'histoire l'a démontré. Le jour où les populations bafouées pourront condamner de leurs propres mains le pouvoir criminel semble encore loin, mais en m'associant au cri déchirant des victimes, j'entends moi aussi continuer à lutter, sans me laisser abattre.

Ce livre reprend mes interventions en divers lieux durant l'année passée, auxquelles j'ai ajouté des faits venus à ma connaissance plus tard. Je tiens à remercier Haruko Mine de Gentôsha Renaissance qui m'a aidé à le rédiger, et Yumi Sato pour la mise en forme. Je serais heureux que cet ouvrage participe à stopper la course folle du nucléaire et j'espère que les victimes, toujours en proie aux pires difficultés, parviendront à y échapper.

10 février 2014

POSTFACES

FUKUSHIMA EST PARTOUT

•

Jean-Jacques DELFOUR

Le Japon actuel, indéfiniment irradié par le volcan radiologique qu'est devenue la centrale nucléaire de Fukushima-Daiichi, toujours hors de contrôle, est un miroir dans lequel nous pouvons lire notre présent et notre avenir.

Une catastrophe nucléaire n'est jamais limitée à un seul pays. De même que chacune des 2053 bombes atomiques explosait en plein monde, irradiant la planète entière, de même chaque réacteur en fusion irradie le monde entier, et pour des centaines de millénaires. L'inégale répartition des êtres-radioactifs[12] ne doit pas masquer l'universalité de la contamination. Cependant, outre les bombes atomiques et les catastrophes nucléaires, chaque installation nucléaire pollue l'environnement, même en fonctionnement « normal ». Nous vivons dans un monde contaminé, c'est-à-dire que nous sommes irradiés par les êtres-radioactifs que nous respirons et que nous ingérons par l'alimentation.

Le Japon est un miroir de la France. Cinquante-huit réacteurs, vieillissants, pourvus d'une faible sécurité puisque les exploitants sont, légale-

---

[12] J'appelle « êtres-radioactifs » ce que le langage savant nomme « radionucléides » : toutes les particules, atomes, isotopes, radioéléments, générés par les machines atomiques (réacteur, bombe, usine de retraitement, etc.) ; ce sont des choses qui existent, d'où le mot « êtres », et ils sont radioactifs, c'est-à-dire qu'ils émettent des rayonnements qui traversent presque toutes les autres matières et en particulier les êtres vivants dans lesquels ils sèment destructions, maladies graves et cancers. Cf. mon livre publié en février 2014 : *La condition nucléaire, réflexions sur la situation atomique de l'humanité*, Paris, L'Échappée.

ment, à peu près exemptés de responsabilité civile[13], un usage irresponsable de la sous-traitance[14], un lobby nucléaire très puissant, installé dans tous les lieux sommitaux de pouvoir[15], des médias très complaisants, une arrogance analogue à celle des nucléologues japonais, une même absence de technologies d'intervention en cas de catastrophes extrêmes, une égale impuissance à arrêter la radioactivité et à traiter les déchets, la même pratique massive et délibérée du mensonge[16] et de la censure institutionnelle[17], un renoncement à la protection des populations[18]. Bref, tout ce qu'il faut pour qu'une catastrophe ait lieu, bientôt, en France : comme partout jusqu'ici, l'impuissance règnera, l'incompétence, la minimisation, la rétention des données, la vie sous contrainte dans des zones gravement contaminées.

---

[13] Sezin Topçu, « Organiser l'irresponsabilité ? La gestion (inter)nationale des dégâts d'un accident nucléaire comme régime discursif », *Écologie et politique*, n° 49, 2014.

[14] Annie Thébaud-Mony, *L'industrie nucléaire, sous-traitance et servitude*, INSERM-EDK, Paris, 2000 ; du même auteur : *Travailler peut nuire gravement à votre santé. Sous-traitance des risques, mise en danger d'autrui, atteintes à la dignité, violences physiques et morales, cancers professionnels*, Paris, La Découverte, 2007.

[15] Corinne Lepage, *L'État nucléaire*, Paris, Albin Michel, 2014.

[16] Sezin Topçu, *La France nucléaire. L'art de gouverner une technologie contestée*, Paris, Le Seuil, 2013.

[17] L'Organisation mondiale de la santé (OMS), pourtant missionnée par l'ONU en avril 1948 pour résoudre les problèmes de santé publique et contribuer à former une opinion publique éclairée, est liée à l'Agence internationale de l'énergie atomique (AIEA), par un accord signé le 28 mai 1959, qui stipule, dans son article 3, qu'il est possible « de prendre certaines mesures restrictives pour sauvegarder le caractère confidentiel de certains documents ». Cette confidentialité a conduit à la non-publication des actes de la Conférence de l'OMS à Genève sur « les conséquences de Tchernobyl et d'autres accidents radiologiques sur la santé » (20-23 novembre 1995). Les 700 participants attendent toujours la publication des actes de cette Conférence, promise pour mars 1996. Le docteur Nakajima, alors directeur général de l'OMS, confirma en 2001, devant la Télévision suisse italienne, que la censure des actes est due aux liens juridiques entre l'OMS et l'AIEA. La mission officielle de l'AIEA, *placée directement sous l'autorité du Conseil de sécurité* de l'ONU, est « d'accélérer et d'accroître la contribution de l'énergie atomique pour la paix, la santé et la prospérité dans le monde entier ». D'où l'Appel de professionnels de la santé, lancé en 2009, pour une indépendance de l'OMS.

[18] Cécile Asanuma-Brice, « De la gestion des flux migratoires par un État nucléariste dans un contexte de catastrophe nucléaire », paru dans *Les grands dossiers de diplomatie*, n° 22, 2014.

Au sujet du Japon, le lecteur francophone dispose ici d'une source récente portée par une caution scientifique de poids.

Qui est Hiroaki Koidé ?

Science et morale

Hiroaki Koidé travaille à l'Institut de recherche expérimentale sur les réacteurs nucléaires, au sein de l'université de Kyoto. C'est un spécialiste reconnu, jouissant d'une grande notoriété au Japon. Un scientifique qui, dans sa jeunesse, s'est d'abord enthousiasmé pour le nucléaire, présenté comme fascinant et tellement sûr qu'on aurait pu construire des centrales nucléaires au pied des immeubles (quoique finalement, on les construisît toujours à la campagne). Cependant, Hiroaki Koidé a changé son jugement sur le nucléaire, en tirant les leçons de son histoire réelle, c'est-à-dire d'une série de catastrophes irrémédiables : Windscale en 1957, Three Miles Island en 1979, Tchernobyl en 1986, Fukushima en 2011.

Hiroaki Koidé est un savant ; cependant, cela ne l'empêche pas d'agir et de penser non seulement en homme de science, mais en homme moral, en citoyen du monde. Dès la première page, le lecteur comprend que ce livre n'est pas seulement un réquisitoire virulent mais une pièce dans un double procès.

D'abord le procès des responsables étatiques et industriels qui ont récemment abandonné les populations survivant dans les zones contaminées, mais surtout ont décidé, sous l'impulsion certes des États-Unis (et particulièrement de la CIA[19]) d'installer, dès 1955, en pleine guerre froide, dans une des régions les plus sismiques du monde, des centrales nucléaires par dizaines.

---

[19] Nadine et Thierry Ribault, *Les sanctuaires de l'abîme. Chronique du désastre de Fukushima*, Paris, L'Encyclopédie des nuisances, 2012.

La juridiction convoquée est ici le tribunal de l'Histoire. Chaque homme politique n'exerce le pouvoir, dans les démocraties, que parce qu'il lui a été donné (représentation délégatoire ou mandative) par le peuple souverain devant lequel l'homme politique est responsable de ses actes et, particulièrement, de ses crimes.

Koidé relève un certain nombre d'illégalités flagrantes et scandaleuses. Par exemple, les zones contaminées et dangereuses couvrent environ 10 000 km² et concernent des millions de personnes : elles devraient être évacuées, selon les termes même de la loi. « Que faire ? Je n'en sais rien. Une tragédie qui dépasse toute imagination est en marche au Japon, à la minute présente. [...] Jusqu'à présent, le Japon s'est considéré comme un État de droit. Si un citoyen enfreint la loi, l'État le punit. Dans ce cas, le respect par l'État des lois qu'il a lui-même promulguées me paraît être un devoir de base. Mais le gouvernement japonais, confronté à une législation qu'il n'est pas en mesure de respecter, fait fi des lois édictées par ses propres soins. Pourquoi, en ce qui concerne l'accident de Fukushima, y compris sur ce point, ces crimes ne sont-ils pas jugés ? »

Dans la continuité de ce regard éthique, Koidé a en vue un autre procès, entièrement moral celui-là, mais au niveau individuel. L'existence de l'État engendre, dans la version démocratique, une responsabilité politique de chaque élu, de chaque fonctionnaire ; plus largement, la vie sociale, étant donné la solidarité matérielle, induit une responsabilité personnelle de chaque individu. Il est possible enfin de poser que chaque personne adresse, en tant que personne, un appel à la responsabilité des autres, auquel il incombe aux autres de répondre.

Dans ce cadre, Koidé assume, grâce à ce livre, sa responsabilité éthique, morale et politique, personnelle face à un chef d'accusation lourd et qui peut paraître excessif, au premier abord : la participation aux crimes nucléaires. « Je souhaite d'abord prendre mes responsabilités pour avoir échoué à arrêter le nucléaire » dit-il dans la préface. Plus loin, l'auteur pointe l'écrasante responsabilité des politiques certes mais aussi la responsabilité de ceux qui, habitant les zones rurales désertifiées et pauvres, ont accepté l'installation des centrales nucléaires contre d'abondantes et corruptrices subventions. Puis la responsabilité de tous ceux qui désirent que l'énergie disponible s'accroisse sans cesse. De fait, en tant que consommateurs d'électricité nucléaire, nous sommes complices de ce crime qu'est la seule existence des centrales nucléaires.

« Avoir échoué à arrêter le nucléaire ». Étrange échec qu'il semble impossible de prendre en charge, alors que c'est un échec collectif. Koidé veut dire que chacun a sa part de responsabilité ; de telle sorte que personne ne peut s'exempter de sa propre responsabilité au motif que l'échec serait collectif. « Nous » avons, nous citoyens du monde, un devoir envers autrui et spécialement envers les enfants, c'est-à-dire envers toute l'humanité à venir ; ce devoir interpelle chacun d'entre nous et, certes, nous tous comme collectif. Pour le moment, nous avons échoué à arrêter le nucléaire. Ce constat affirme surtout la permanence de l'obligation morale envers l'humanité. À son niveau, de la place qu'il occupe dans la société, un parmi d'autres, Koidé répond à l'appel que lance chaque être humain agressé actuellement ou dans le futur par les êtres-radioactifs déjà répandus dans l'environnement. Enfants déjà nés, fœtus irradiés dans les ventres des mères contraintes de vivre en territoires contaminés, enfants à naître dans les milliers d'années à venir, nous avons tous, individuellement et collectivement, une responsabilité envers eux : leur léguer une Terre saine, aussi peu malsaine que possible.

Est ainsi écartée l'hypothèse selon laquelle le nucléaire, par l'agression permanente des êtres-radioactifs et par l'impossibilité de supprimer leur radioactivité, pourrait rendre impossible l'obéissance au principe moral de protection universelle. De là découlerait l'impossibilité d'exercer le pouvoir et aussi bien d'agir dans l'histoire. Koidé veut croire à la possibilité de l'action morale (donc de l'action tout court) parce que le désespoir et la résignation sont favorables à la continuité de la violence nucléaire (le désespoir est à la fois commode et il est le produit d'une histoire[20]). Certes, moralement parlant, on ne peut que souscrire à sa position. Mais ontologiquement parlant, il est possible d'en douter.

Par ailleurs, Koidé ne s'inscrit pas du tout dans le mythe de la non-responsabilité du savant : son innocence[21]. Il cite le regret d'Einstein d'être devenu un scientifique lors du bombardement d'Hiroshima. On peut aussi songer à une conférence de 1950, intitulée « L'avilissement du savant »[22], dans laquelle le grand physicien, à l'initiative du *Manhattan project*, écrit : « Porté par sa recherche de la clarté et de l'indépendance intérieure, il a mis en place [...] les instruments matériels de son esclavage matériel extérieur et de son anéantissement de l'intérieur [...]. Il en est déjà arrivé à accepter comme un destin inéluctable l'esclavage auquel le condamnent les États nationaux. Plus encore, il s'avilit jusqu'à apporter, quand on lui en fait la commande, des perfectionnements aux instruments de la destruction générale de l'humanité. » Koidé est fermement engagé dans la position philosophique de la liberté de la recherche scientifique mais plus encore dans la soumission de la science à des impératifs moraux fondamentaux : protéger la vie humaine. Il est radicalement hostile à la science asservie[23].

---

[20] Cf. la conclusion de mon livre déjà cité : *La condition nucléaire* : « Militer pour la vie. »

[21] Albert Einstein écrivait, en 1930, dans le journal *The New World* : « La science est un outil puissant ; l'usage qu'on en fait, soit pour le salut de l'homme soit pour sa malédiction, dépend de l'homme, pas de l'outil ; avec un couteau, on peut tuer ou servir la vie. » Certes, un couteau ne devient pas par lui-même un outil de mort : mais c'est bien le cas de l'agitateur-d'êtres-radioactifs qui crée, fabrique invente des matières mais qui sont actives et tueuses par *elles-mêmes*. Et quasi-éternelle : la radioactivité ne s'arrête pour ainsi dire jamais (sur la notion d'agitateurs-d'êtres-radioactifs, cf. notre *Condition nucléaire*, op. cit.).

[22] Albert Einstein, *Physique, philosophie, politique*, Paris, Le Seuil, 2002, p. 140-144.

[23] Annie Thébaud-Mony, *La science asservie, santé publique : les collusions mortifères entre industriels et chercheurs*, Paris, La Découverte, 2014.

Il refuse l'ethos du chercheur contemporain, qui présente six caractéristiques. Référence monastique (le scientifique est un ascète totalement investi dans l'œuvre de la connaissance), référence religieuse sécularisée (le scientifique se sacrifie et sacrifie les autres pour la grande œuvre de connaissance), référence militaire (il est un soldat du savoir mais aussi le soldat d'une armée et d'une nation), référence mystique (le paradigme scientifique guide actions ainsi que jugements de valeur et disqualifie les questions « non »-scientifiques), référence au genre (le chercheur n'est pas une femmelette, embourbée dans les doutes, les hésitations et les discussions ; il y va sans se poser de question, tel un « somnambule phobique » selon l'expression d'Isabelle Stengers[24]), référence politique révolutionnaire (le scientifique fait partie d'une élite qui combat l'opinion, toujours irrationnelle, confuse, changeante, et qui définit une oligarchie capable de remodeler la société tout entière).

La question nucléaire est simple : loin d'être technique ou scientifique, elle est entièrement morale[25]. Une fois mise de côté l'intimidation par l'expertise, elle s'énonce ainsi : voulons-nous coexister avec des machines peu sûres qui engendrent des centaines de tonnes de plutonium, le poison le plus dangereux qui soit, et ses cousins si variés, c'est-à-dire des quantités astronomiques d'êtres-radioactifs tueurs, dont la durée de « vie » (la capacité de tuer) se compte en dizaines de milliers d'années ?

Simulacre d'action et rhétorique de la résilience[26]

Qu'a-t-on prévu en France, au cas, de plus en plus probable, où une catastrophe nucléaire extrême arriverait ? Le 3 février 2014, le Secrétariat

---

[24] Isabelle Stengers, *Une autre science est possible !*, Paris, La Découverte, 2013.

[25] C'est l'une des thèses que je soutiens dans *La condition nucléaire*, op. cit.

[26] Ce paragraphe reprend certains éléments d'un article paru dans *Rue89* en mars 2014.

général de la Défense et de la Sécurité intérieure publie un *Plan national de réponse : accident radiologique ou nucléaire majeur*[27]. L'État n'y envisage pas la cause réelle de la catastrophe nucléaire : l'existence même des centrales nucléaires, machines fragiles que les ingénieurs sont incapables, en cas de panne du circuit de refroidissement, de contrôler, laissant les matières radioactives extrêmement dangereuses contaminer pour des dizaines de millénaires tout l'environnement. L'État ne veut pas voir l'incompétence des nucléologues face à une catastrophe majeure – ce que démontre depuis quatre ans le désastre de Fukushima. Il refuse le remède de bon sens : arrêter les réacteurs nucléaires *avant* la catastrophe.

Au prétexte de « la capacité de résilience de la société » (sic), l'État décide unilatéralement d'exposer le pays à la catastrophe nucléaire qui polluera l'Europe entière, pendant 100 000 ans, condamnant des « populations » énormes d'êtres humains à l'irradiation engendrant maladies graves, cancers, morts prématurées.

C'est pourquoi, ne pouvant pas l'avouer, ce *Plan* minimise massivement tous les aspects. La phase d'urgence (période de rejets radioactifs) est réduite : quelques heures à quelques jours. À Fukushima, les rejets durent depuis quatre ans. De même, la phase de sortie d'urgence ne dure que quelques jours ; la phase post-accidentelle : quelques années. On sourit devant un tel optimisme.

En réalité, le *Plan* présuppose un accident nucléaire qui n'a presque pas lieu, sous contrôle rapide, et qui génère de la radioactivité qui n'en est pas : la contamination est censée durer « plusieurs années, voire plusieurs dizaines d'années » ; de fait, elle se calcule en centaines de milliers d'années. Le Plan précise que l'exploitant, pendant l'accident, a pour tâche d'« assurer le refroidissement du combustible, contrôler les réacteurs, garantir le

---

27 Lisible sur <http://www.sgdsn.gouv.fr/site_rubrique146.html>

confinement et protéger l'environnement » ; ce sont précisément toutes ces fonctions qui défaillent pendant la catastrophe nucléaire ! La prévision est réglée sur un rêve de maîtrise.

La prise en charge sanitaire se ramène à un peu d'évacuation, beaucoup de « douche au savon », la mesure de la contamination interne des personnes vulnérables et l'enregistrement des personnes pour le suivi épidémiologique (c'est-à-dire transformer une catastrophe en source d'informations et une région en laboratoire). Le souci dominant est la continuité des activités économiques, voire la « reconquête de territoires » contaminés. Le *Plan* encourage donc la solidarité, une « mobilisation des populations » incitées à accueillir les personnes déplacées tout en continuant de travailler. Ces conseils sont l'aveu d'une impuissance acceptée et d'une irresponsabilité maintenant notoire.

Le Plan insiste particulièrement sur « la résilience du pays, de la société, des entreprises et des services publics ». La résilience, notion clinique élaborée par Boris Cyrulnik afin de nommer la résistance interne de certains enfants à la maltraitance, sert de référence. Le message est clair : en cas de catastrophe nucléaire, débrouillez-vous ! Vous ne pourrez compter que sur vous-mêmes ! La résilience : masque élégant de l'impuissance ! Ce qui est dans le droit fil de la quasi-irresponsabilité de l'exploitant du nucléaire définie par la Convention de Paris du 29 juillet 1960 et la loi du 30 octobre 1968 qui prévoient qu'une partie très importante du coût d'un accident nucléaire soit imputée aux futures victimes (cf. *infra*). Cet abandon des populations à la radioactivité correspond au rêve technocratique de l'autogestion, par chacun, de sa propre irradiation et de la gestion de sa propre vie sous « contrainte radiologique », bel euphémisme pour désigner une prison nucléaire (surveillée par les forces de l'ordre).

Il en résulte la minimisation systématique des risques, qui accompagne les machines-à-agiter-des-êtres-radioactifs, que ce soit pour des motifs de secret militaire ou de discrétion industrielle sur les pollutions ; d'où l'aspect conte de fée du *Plan* : la catastrophe nucléaire est maquillée en un événement bref, rapidement suivi par la « reconquête » des territoires contaminés (le *Plan* parle d'« *évolution rapide de la situation radiologique* » !). Chacun devine que ce sera une contamination générale, l'improvisation, la panique, le mensonge et le chaos.

Le langage militaire est normal. Le nucléaire a d'abord été une technologie de mort et la chaudière nucléaire électrogène n'a rien changé : les micro-soldats atomiques produisent tantôt de la mort, tantôt de l'électricité, tout en restant tueurs malgré ce changement d'atelier. Le général de corps d'armée, Jean-Marc Duquesne, définissait le 18 septembre 2013 la résilience : « la volonté et la capacité d'un pays, de la société et des pouvoirs publics, à résister aux conséquences d'une agression ou d'une catastrophe majeures, puis à rétablir leur capacité de fonctionner normalement »[28]. La tactique de communication consiste à considérer la catastrophe nucléaire comme un accident industriel gérable et assez bref, ou bien comme une agression ennemie qui exige résignation et sacrifices.

Mais elle n'est pas gérable. Fukushima est un volcan radiologique qui pollue depuis quatre ans le Pacifique et le monde entier, pour des millénaires. Il n'y a aucune solution technique viable : cette catastrophe, prévue en 2007, démontre plus que l'incompétence des ingénieurs du nucléaire : l'irresponsabilité totale des politiques qui les dirigent.

Il est difficile d'agir sur les causes d'une agression ennemie. Tandis qu'il est parfaitement possible d'empêcher un désastre nucléaire en amont : en arrêtant les réacteurs *avant la catastrophe* ; la probabilité de celle-ci augmente chaque jour : inexistence de moyens techniques adaptés et rodés, vieillissement des cuves et des machines, quasi-absence du souci d'une sé-

[28] Séminaire de la Défense nationale : <http://www.ihedn.fr/>

curité suffisante dans la conception comme dans l'usage, concurrence capitaliste qui tend à banaliser la négligence. L'assimilation de la catastrophe nucléaire à une agression de guerre dévoile la vraie nature des centrales nucléaires : des machines de mort, des machines de guerre ; c'est précisément ce que ce général reconnaît ; est-il déraisonnable de demander à ne pas se faire la guerre à soi-même ?

Ici, en France, demain, dans dix jours, dans cinq ou dix ans, *à la suite d'une panne du circuit de refroidissement, quelles qu'en soient les causes,* un réacteur de centrale nucléaire peut dépasser un seuil de non-retour. Et ainsi, du fait de l'absence de technologies de contrôle et de l'inanité du *Plan national de réponse*, cette catastrophe prévue peut contaminer pour des millénaires et de manière irréversible une zone s'étendant sur plusieurs continents, provoquant pendant des millénaires maladies graves, malformations des fœtus, et morts prématurées. Chacun est moralement et politiquement fondé à exiger l'arrêt des réacteurs nucléaires *avant la prochaine catastrophe.*

De l'échec industriel à l'effondrement moral : l'organisation de l'irresponsabilité[29]

Quel bilan tirer de la situation actuelle ? Sans nul doute, l'effondrement moral de l'industrie nucléaire : incompétence maquillée, irresponsabilité organisée.

Incompétence manifeste : depuis plus de trois ans aucune solution viable n'est mise en œuvre pour sortir du sous-sol les réacteurs atomiques en fusion de Fukushima. Les industriels nucléaires japonais, américains ou français n'ont aucune machine rodée, aucune technique appropriée

[29] Ce paragraphe reprend certains éléments d'un article paru dans *Rue89* cosigné par Sezin Topçu (paru en septembre 2014).

capable de saisir les coriums fondus et de les neutraliser. Les ingénieurs nucléaires du monde entier n'ont rien prévu. À Fukushima, on refroidit les bâtiments-réacteurs en ruine, faisant du Pacifique un appareil annexe au système de refroidissement. Une radioactivité gigantesque continue d'être relâchée dans l'environnement sans qu'aucune solution sérieuse n'apparaisse.

Sauf sous la forme illusoire du « retour d'expérience ». Chaque catastrophe est une « opportunité épistémique », disent-ils, une occasion d'améliorer la technologie, une « chance » de progresser. Le monde est transformé en laboratoire où l'on soumet à un test ces technologies extrêmement dangereuses. Mais procéder par essai-erreur signifie aussi rendre des territoires inhabitables pendant des millénaires et condamner des populations humaines entières à vivre dans des zones contaminées et pathogènes (cancers, malformations génétiques, vies brisées par la radioactivité, « demi-vies » comme le dit Michaël Ferrier[30]).

Dès les années 1950, particulièrement aux États-Unis, les promoteurs de l'énergie nucléaire ont pris conscience des conséquences d'une catastrophe nucléaire et donc de ses coûts exceptionnels. Le rapport Brookhaven (dit WASH-740), publié en 1957 par l'U.S. Atomic Energy Commission a donné lieu, la même année, à la première loi limitant drastiquement la responsabilité civile des exploitants du nucléaire, le Price Anderson Act. La plupart des législations ultérieures reprendront cette *irresponsabilité* légale sans laquelle l'industrie nucléaire n'aurait globalement pas existé. La Convention de Paris de 1960 reconnaît que « la production et l'utilisation de l'énergie atomique comportent des risques sans commune mesure avec ceux dont le monde a l'expérience » et énonce explicitement l'irresponsabilité des exploitants.

---

30 Michaël Ferrier, *Fukushima, récit d'un désastre*, Paris, Gallimard, 2012 (Folio).

Cette irresponsabilité quasi-totale de l'exploitant nucléaire implique que les dommages ont, pour eux, un coût quasi nul, ce qui a nécessairement un impact sur les investissements pour la sécurité. La chaîne risque-dommage-responsabilité-sécurité est rompue. Ce qui permet de comprendre en partie l'insuffisance de la sécurité et le recours à la sous-traitance accrue, absurde et très risquée. Cela explique aussi l'arrogance des nucléocrates. En réalité, l'affirmation selon laquelle un accident est très peu probable voulait dire : il est très peu probable qu'il nous coûte cher.

D'où le *Plan national de réponse à un accident nucléaire majeur*, déjà cité. Le délaissement programmé est la traduction pratique de l'irresponsabilité juridique et politique.

Aujourd'hui, en France, en cas de catastrophe nucléaire, la responsabilité dommage de l'exploitant est limitée à 91 millions d'euros, celle de l'État, tous mécanismes confondus, à 345 millions d'euros. L'Institut de radioprotection et de sûreté nucléaire (IRSN) a récemment proposé une estimation de 430 milliards d'euros, pour un scénario d'accident nucléaire lui-même très minimisé : fusion d'un tiers d'un réacteur, dans la centrale de Dampierre, et relâchement de radioactivité pendant seulement deux heures. Avec ce scénario très optimiste (très en recul comparé aux catastrophes réelles de 1986 et 2011), 25 000 km^2 deviendraient inhabitables, il faudrait évacuer 2,6 millions de personnes (dont la ville d'Orléans) mais il serait « réaliste » d'en évacuer seulement 26 000 et d'indemniser les autres ; 50 000 cancers. À Fukushima, ce sont trois réacteurs entiers qui ont fondu et le relâchement massif de radioactivité a duré des mois.

Cependant, même avec un scénario aussi optimiste, 430 milliards d'euros représentent une somme énorme dont l'exploitant EDF n'aurait à payer que 91 millions et l'État 345, soit 1 000 fois moins que le coût théorique, lui-même largement minimisé. La « résilience » sera en effet à l'honneur. D'ailleurs, en Biélorussie comme au Japon, l'État s'efforce de promouvoir une responsabilisation individuelle, une gestion libérale personnelle de sa propre exposition à la radioactivité perpétuelle de l'environnement.

Notre responsabilité

Koidé est-il virulent ? Koidé est-il un enragé ? Le lecteur a vu que c'est un homme posé, rationnel, usant d'un franc-parler certain, exprimant ponctuellement un peu de colère, animé par un impératif catégorique – moral – sans faille. Être humain parmi les autres, assigné comme les autres au devoir universel de protéger la vie d'autrui, ayant à endosser la responsabilité particulière du scientifique dont les activités peuvent modifier durablement les conditions de vie des autres êtres humains, tel est Hiroaki Koidé, exemplaire.

Caressons l'espoir que son exemple contribue à sortir de la léthargie de nombreux savants, et aussi les intellectuels français, étrangement silencieux sur le crime nucléaire ; quoique précédés par une résistance organisée, y compris par certains atomistes.

Les analyses de Hiroaki Koidé demeurent celles d'un scientifique. Le lecteur a remarqué les limites de ce regard. En effet, le nucléaire comme phénomène historique global, comme fait social total, ne se limite pas à la technologie, à la criminalité du nucléaire et à sa condamnation morale. C'est aussi une transformation profonde de l'Histoire, de la politique (c'est-à-dire de la définition de l'État) et du droit (l'invention d'un régime juridique d'exception), c'est également l'exploitation des générations futures, un abaissement abyssal de la valeur de l'être humain, le renoncement à la dialectique du savoir et l'enfoncement dans le magisme technologique, l'invention d'une nouvelle destructibilité de l'être humain, bref une transformation radicale de la structure anthropologique de l'être humain. Cependant, l'accès à ce plan de réflexion suppose d'abord l'établissement de faits et l'indication de leur caractère scandaleux. Sur ce point, le livre de Hiroaki Koidé est une très bonne introduction.

Nous sommes tous, adultes avertis ou non, responsables de la Terre qui nous abrite et nous fait vivre. Toute l'humanité passée a vécu sur une Terre vivable. Nous sommes en train de la rendre de plus en plus invivable. Certes, il y eut des pollutions toxiques bien avant le nucléaire. Mais ce dernier est un saut qualitatif et quantitatif. Les êtres-radioactifs sont quasi éternels comparés à nos brèves vies humaines et leur toxicité est extrêmement élevée, sans compter l'aspect génocidaire universel des bombes atomiques. Non, vraiment, il faut arrêter les centrales nucléaires et désarmer les bombes atomiques, une seule et même technologie hors de maîtrise et dévastatrice.

UNE RAGE ARGUMENTÉE

René de Ceccatty

L'extrême virulence du réquisitoire de Hiroaki Koidé n'est pas impulsive. Ce physicien, spécialiste des réacteurs nucléaires et des conséquences de leur fonctionnement, chercheur au Laboratoire du réacteur nucléaire de l'université de Kyoto (*Kyôto Daigaku Genshiro Jikkensho* ou *Kyoto University Research Reactor Institute*), travaille depuis de nombreuses années sur le danger des centrales et il n'a pas attendu la catastrophe de Fukushima pour mettre en garde les compagnies d'électricité et les gouvernements sur leur façon de se précipiter sur cette ressource énergétique.

Le 11 mars 2011, un événement considérable s'est produit au Japon, chargé d'un sens symbolique pour l'humanité tout entière, analogue à la destruction de Hiroshima et de Nagasaki, même si les pertes humaines ne sont pas immédiatement comparables. Ce qui pouvait être superficiellement analysé comme une « simple » tragédie naturelle (un tremblement de terre, suivi d'un raz-de-marée) aux conséquences gravissimes, mais finalement aux causes strictement géologiques et donc plus ou moins imprévisibles et fatales, s'est révélé, bien entendu, aux yeux de tous les observateurs, comme un événement historique beaucoup plus complexe.

Hiroaki Koidé analyse avec précision le phénomène même de la production d'énergie atomique. Il en rappelle le coût et les dangers. Et les deux doivent être intimement liés. L'essentiel de cet essai s'attache en effet à entrelacer les intérêts économiques qui ont abouti à la surestimation des centrales nucléaires comme sources incontournables d'énergie, au Japon et dans le reste du monde, et le danger que présentait l'installation de ces usines dans le paysage non seulement géographique, mais humain d'un pays. Que et qui sacrifiait-on en installant des centrales ?

Il n'y a pas de gain économique pour une entreprise et ses actionnaires, quelle qu'elle soit, qui ne s'obtienne au détriment d'une population exploitée et parfois au prix de vies humaines. Il faut le savoir et le répéter. Qu'on cesse d'être surpris quand on découvre que des ouvriers brûlent dans des ateliers insalubres et fragiles, alors qu'ils travaillaient dans des pays sous-développés en étant sous-payés pour remplir les poches d'actionnaires des pays occidentaux. La logique est la même que celle qui a voulu que les sinistrés du Tôhoku n'aient pas été prévenus du danger qu'ils couraient en cas de séisme, de tsunami, de rupture de courant et de fissures dans les cuves de refroidissement des quatre réacteurs de Fukushima. Car c'est de là que tout part, et sur quoi insiste Koidé. En installant la centrale, on commençait, déjà, à mentir et à nuire à la population locale, et, étant donné les dimensions de la tragédie qui a fini par se produire, à la population de tout le Japon.

Le silence et le mensonge qui ont présidé à la construction des centrales en général (mensonge sur le coût réel de l'électricité produite, dont le calcul n'incluait pas le démantèlement nécessaire de la centrale en cas d'accident et sur le risque qu'on faisait courir à la population) ont été répétés après la catastrophe. La priorité a toujours été de préserver les intérêts de Tepco, constructeur, propriétaire et bénéficiaire de la centrale. On ment en prétendant que l'électricité nucléaire coûte moins cher que l'électricité thermique, tout simplement parce qu'on ne prend pas en compte la maintenance et la destruction quasi-inévitable des centrales. On ment bien sûr aussi sur les effets environnementaux, sur la pollution.

Longtemps, les militants antinucléaires étaient sommés de dissocier la lutte contre les armes atomiques et la lutte contre les centrales nucléaires.

Koidé montre au contraire combien sont liées les recherches dans les deux domaines et comment les mêmes usines peuvent produire armes et énergie. Il montre aussi comment les États-Unis, la France — avec Areva —, la Grande-Bretagne ont eu une part énorme de responsabilité dans la construction des centrales, en rapport avec l'éventuelle production d'armes. Une législation internationale complexe a été nécessaire pour permettre ces constructions de centrales et la participation active d'autres puissances a été également indispensable, avec ce qu'il fallait d'hypocrisie. Les gouvernants le savaient, mais le cachaient aux citoyens. Et bien sûr, en priorité aux citoyens les plus directement concernés, en l'occurrence les voisins immédiats des centrales.

Koidé explique comment les membres permanents du Conseil de sécurité des Nations unies ont mis en place un traité pour surveiller la production des armes nucléaires et la limiter à certains pays. Ceux qui en sont exclus, dont le Japon, cherchent des moyens de contourner cette législation dont l'observance est surveillée par « la mafia nucléaire internationale », ainsi que Koidé désigne l'Agence internationale de l'énergie atomique. Or le Parti libéral démocrate (PLD) au pouvoir au Japon a obtenu des États-Unis un accord permettant un statut privilégié : sans être doté d'arme atomique, le Japon produit une énergie nucléaire qui, en réalité, lui permettrait parfaitement de construire des bombes atomiques en réutilisant les déchets. Toutefois, le Japon n'a pas le droit de « retraiter » ces déchets nucléaires et de produire du plutonium qui en ferait une arme. Le Japon, nous dit Koidé, a cependant obtenu un passe-droit, car il projette (la technologie n'est pas encore au point) de mélanger le plutonium à de l'uranium, pour servir de combustible à un surgénérateur qui n'est pas encore en usage. En attendant, des usines françaises et britanniques retraitent les déchets japonais et ont stocké une masse de plutonium qui permettrait de faire 4 000 bombes de Nagasaki.

Dans son livre, Koidé fait deux procès. Celui des partisans de l'électricité nucléaire, qui, le plus souvent en connaissance de cause, ont favorisé la construction des centrales, en niant par hypocrisie, par cynisme ou par feinte ignorance, les dangers pour ainsi dire inévitables, et celui du Gouvernement japonais face à la catastrophe une fois qu'elle a eu lieu. Sans compter les secours et les soins qui ont dû être apportés aux victimes du tsunami dans des conditions rendues dangereuses à la fois par les inondations, par la destruction de tous les établissements de soins et des habitations ou locaux collectifs, et par les radiations dans les zones proches des centrales et le déversement d'eaux contaminées, des difficultés techniques apparemment insurmontables qui se sont posées pour le démantèlement des centrales, c'est-à-dire le refroidissement du cœur, l'évacuation des eaux contaminées une fois qu'elles ont approché ce cœur pour le refroidir et le stockage des déchets nucléaires sont la première préoccupation. Par ailleurs, des problèmes logistiques gigantesques se sont présentés pour le déplacement des populations. Comment résoudre ces casse-tête techniques et logistiques, et leurs conséquences à la fois humaines et économiques ?

Il semble acquis que les eaux contaminées sont incontrôlables. Qu'elles s'évaporent ou qu'elles s'infiltrent dans les terres pour regagner la mer, elles restent porteuses d'éléments radioactifs mortels même à faibles doses. Ces éléments sont d'autant plus dangereux qu'ils sont indiscernables, bien sûr invisibles, inodores, imperceptibles, intouchables. Et les dosimètres sont inutiles, puisqu'ils signalent la présence de ces particules quand elles ont déjà agi de manière nocive et peut-être fatale. Des précautions aussi simples que la mise en place de pancartes qui signalent les zones dangereuses en fonction des radiations n'ont pas été prises. Autrement dit, la population devrait être évacuée sur des zones très vastes, que précise Koidé. Mais elle ne l'est pas.

Pour faire face à ces trois sortes de problèmes, technique, logistiques et économique, la législation japonaise évolue et décide de monter, de décupler, de centupler le taux de radiation considéré comme acceptable par le corps humain. Ainsi les populations peuvent, dit-on, rester sur place « sans danger ». Ce mensonge scientifique et politique est maintenant perpétué et banalisé, pour éviter, prétendent les dirigeants qui évidemment n'admettent pas que c'est un mensonge, une perte économique et une tragédie humaine pires encore. Où déplacer les populations ? Comment assurer leur survie ?

Que faire des déchets, comment les transporter, où les enfouir? Le « sarcophage » de Tchernobyl a mobilisé des milliers d'ouvriers depuis quarante ans et le travail d'enfouissement, de neutralisation, de protection n'est toujours pas terminé. Il faut plus de temps pour démanteler une centrale que pour la construire, bien entendu. Et le coût est infiniment supérieur. C'est cela qu'ont permis des politiques, des économistes, des scientifiques. Construire quelque chose d'indestructible et d'exponentiellement destructeur pour l'humanité.

Comment dissocier l'arme et l'énergie, quand on sait que l'énergie peut se transformer en arme destructrice au moindre accident « naturel » ? Sur le caractère « naturel » de la catastrophe, Koidé est très nuancé : il souligne toutes les défaillances de la maintenance des différentes centrales. Les fissures innombrables présentaient un danger bien avant le séisme et l'on savait que le refroidissement n'était pas sans risque : déjà des eaux contaminées avaient fui et s'étaient infiltrées dans les terres environnantes.

Quant au prétendument « faible » coût de l'énergie nucléaire (qui est l'argument majeur des partisans de cette source criminelle d'électricité), Koidé est également très précis. Il faut faire entrer en ligne de compte le coût du combustible qui doit être préparé (l'uranium pour être fissile doit être enrichi), et bien sûr l'évacuation des eaux de refroidissement, et donc, élément désormais reconnu comme indispensable, le coût de l'arrêt de la production énergétique, un arrêt interminablement lent, horriblement dangereux, mobilisant d'innombrables vies humaines mises en danger. Plusieurs romans francophones (*La Centrale* d'Elisabeth Filhol ou *Le Démantèlement du cœur* de Daniel de Roulet) se sont attardés sur ce problème.

Il ne fait aucun doute qu'au XXe siècle deux événements ont changé le rapport de l'humanité à elle-même : la shoah et Hiroshima. En détruisant deux ports japonais par les moyens inhumains de la bombe atomique, les Américains et plus généralement les Alliés ont brisé la frontière entre le bien et le mal, qui n'avait pas été brisée par la shoah. La shoah était attribuée au mal pur, incarné par Hitler et le mouvement nazi tout entier. Les Alliés en détruisant Hiroshima et Nagasaki pensaient mettre un terme à la guerre et faire triompher le bien. Ils ont sacrifié non seulement la population des zones sinistrées, mais l'idée même d'humanité en eux. Ils s'inscrivaient dans la pure logique folle, irrationnelle, indéfendable de la guerre. Et acceptant l'irrationalité de la guerre, en en faisant la seule loi, ils renonçaient à l'humanité en eux. Des textes fondamentaux de Gunther Anders, de John Hersey, de Masuji Ibuse, de Kenzaburô Ôé ont été écrits sur ce sujet, Hiroshima, qui met en jeu bien entendu l'histoire de l'humanité, mais aussi la métaphysique. Cet événement nous contraint tout autant que la shoah à nous interroger sur ce qu'est un homme. Simplement, si l'on peut dire, la shoah ne fait planer aucun doute sur la place du bourreau et sur celle de la victime. Le bourreau ne prétend pas être la victime et à aucun moment les victimes ne se sont senties coupables de ce qui leur arrivait. Dans le cas de Hiroshima, et c'est pour cela que cet événement historique est plus troublant pour la réflexion sur la morale et l'humanité, les bourreaux ont cru être dans leur droit. Quel droit ? Emané de quelle transcendance ? Signifiant quel bien ? Visant quelle fin ?

Avec Fukushima, le XXIe siècle ajoute une nouvelle aporie à l'histoire de l'humanité. La science a permis la production d'une énergie incontrôlable. Elle ne peut pas garantir la protection de l'humanité contre la durabilité des nuisances de cette énergie dont les effets paraissent mortels et irréductibles. Non seulement en cas d'accident, comme cela s'est produit avec le séisme et le tsunami du vendredi 11 mars 2011, mais de façon pour ainsi dire inéluctable. On sait désormais qu'il est pratiquement impossible de démanteler sans danger, sans effet nuisible, une centrale nucléaire. On n'a aucune idée du temps que cela peut réclamer, ni de l'efficacité des tentatives nécessaires au démantèlement. Alors pourquoi les maintenir, ces centrales, et même, pire, en ouvrir ? Une technologie à ce point immaîtrisée mérite-t-elle d'exister ?

Aussi bien dans le cas de la shoah que dans celui de Hiroshima, la destruction de l'humanité n'a été possible que grâce à la complicité de la technologie. Il a fallu trouver les moyens techniques de détruire rapidement des êtres en quantité. L'histoire du nazisme a montré l'implication d'innombrables ingénieurs, scientifiques, bureaucrates, technocrates pour permettre la conception du système concentrationnaire et l'extermination d'un peuple. Il fallait certes compter avec la puissance de coercition des gouvernants sur les citoyens, avec la veulerie d'une bonne part de l'humanité intimidée et prête à se laisser entraîner, mais aussi avec la technique et la science. De même pour Hiroshima, dont les coupables furent plus secrets et moins nombreux et dont les instruments, les pilotes, n'étaient pas complètement informés, semble-t-il. Mais Hiroshima, avec les conséquences que l'on sait non seulement pour les victimes, mais aussi pour les pilotes et pour tous les scientifiques qui ont participé à la conception de la bombe atomique, a jeté un trouble sur la frontière du bien et du mal. Un trouble confinant dans certains cas à la folie.

Il serait commode d'opposer la volonté de détruire à celle de sauver. Or Hiroshima a empêché cette opposition. Il serait confortable de dissocier les armes de l'énergie. Or les conditions de production de l'énergie nucléaire interdisent cette dissociation. Maintenant, après les accidents énumérés par

Koidé, qui vont de Windscale en 1957, à Fukushima en 2011, en passant par Three Miles Island en 1979 et Tchernobyl en 1986, on ne peut pas ignorer que toute centrale nucléaire est potentiellement une arme (en cas d'accident) et réellement une arme (si l'on retraite les déchets). Le combat contre les armes nucléaires et le combat contre les centrales sont un même et seul combat.

Que le même pays ait été victime de deux bombes lâchées volontairement les 6 août et 9 août 1945 sur Hiroshima et Nagasaki, et de la catastrophe de Fukushima est évidemment hautement symbolique, mais hélas répond à une sorte de logique historique. Le livre de Koidé aborde la part de responsabilité des Nations unies dans la conception de la production de l'énergie nucléaire au Japon. Le choix des lieux, la technologie de la construction des centrales et de la production énergétique, les lois concernant la sécurité des populations et les taux jugés dangereux de radiation, les scénarios envisagés et le scénario réel de la catastrophe, les mesures de prévention et les mesures de survie, tout cela est humain et a dépendu de la volonté humaine. Les décisions techniques et politiques, les législations, les économies mises en place relèvent d'êtres humains, dotés de pouvoir et utilisant comme ils l'entendent (c'est-à-dire le plus souvent les faussant en vue de manipulations dans la communication) les informations scientifiques, économiques, géographiques, politiques, sociales, humaines. Sur ces informations, toutes sortes de démentis et de dénaturations ont eu lieu, émanant d'instances diverses dont il ne fait aucun doute que certaines sinon la totalité étaient parfaitement au courant de la possibilité d'une catastrophe nucléaire. Bien entendu, Tepco est au premier chef incriminé par Koidé et plus généralement par les militants antinucléaires. Mais Tepco sans des alliances politiques, des recherches scientifiques et des soutiens économiques n'est rien. Certains dirigeants politiques en ont pris heureusement conscience, sans hésiter à aller jusqu'au revirement, comme l'ancien premier ministre Junichirô Koizumi (il n'était plus au pouvoir en 2011), plaidant maintenant pour l'antinucléaire.

L'affaire Fukushima ne se limite pas au Japon. C'est une affaire mondiale, puisqu'elle met en cause la science, qui est universelle, et le respect de l'être humain, qui est moral. Les intérêts économiques d'un petit nombre (car derrière toute entreprise industrielle, financière et même culturelle, il y a désormais des actionnaires), la politique internationale, la recherche technologique considérée comme dissociable de considérations humaines l'ont emporté sur la réflexion mettant au centre l'être humain, le respect de son intégrité, de sa liberté, de son droit à vivre, quel que soit cet être humain et où qu'il soit né. Le livre de Hiroaki Koidé a la rigueur et la clarté d'un compte-rendu rédigé par un scientifique habitué à vulgariser ses connaissances et ses recherches, et donc soucieux de partager avec des non-scientifiques ses inquiétudes sur les implications de ses recherches, mais il a aussi la gravité et la profondeur d'un homme qui réfléchit au destin de l'humanité. Et en cela, il rejoint de grandes œuvres philosophiques ou littéraires. Les écrivains pâtissent souvent d'un manque d'informations techniques, scientifiques et se contentent parfois d'approximations pour hâter leurs raisonnements sans les fonder. Mais les grands livres sur Hiroshima ont toujours été extrêmement précis sur des données historiques et techniques, physiques et médicales, parfois rébarbatives. Dans le cas de Fukushima, la situation est encore plus difficile, car l'aspect extraordinairement spectaculaire du tremblement de terre et du tsunami consécutif a tout d'abord mis l'accent sur les zones dévastées par les éléments, comme cela avait été le cas pour le Grand tremblement de terre de Tokyo du 1er septembre 1923. On sait que cet aspect géologique phénoménal a occulté (pour peu de temps, il est vrai) l'autre tragédie infiniment plus grave : la contamination par les substances radioactives et en particulier par le césium 137. Là-dessus il convenait d'être très précis et donc de remonter toute la chaîne de production de l'énergie nucléaire et d'examiner, à chaque étape, ses conséquences, tant dans un scénario « normal », sans accident, que dans un scénario-catastrophe, comme celui qui est advenu. Mais, et c'est le cas de le dire, la catastrophe était dans le noyau. Elle était programmée au cœur du réacteur, des réacteurs.

La connaissance de problèmes apportés par la technologie doit passer par une réflexion de scientifiques aussi rigoureux et honnêtes que Hiroaki Koidé, mais aussi par celle de militants écologistes, comme Satoshi Kamata, par exemple, et d'écrivains engagés politiquement comme Kenzaburô Ôé. Il faut qu'ils dialoguent entre eux, qu'ils se lisent et qu'ils aient le souci d'édifier, par leurs réflexions, un véritable patrimoine humain qui s'oppose au capital destructeur de l'humanité, accumulé au mépris des individus et des populations.

Je ne pardonnerai jamais à Claude Simon d'avoir pris son Nobel pour une garantie d'intelligence et pour une incitation à servir les intérêts de son chef d'Etat, ni d'avoir renoncé à son talent, quand il a invectivé Kenzaburô Ôé le 21 septembre 1995 dans *Le Monde*, à propos de la reprise des essais nucléaires dans le Pacifique contre lesquels Ôé avait vivement protesté, refusant de rencontrer Jacques Chirac qui avait fait une halte au Japon. Je rappelle ce triste épisode, parce que, outre l'aveuglement scientifique et politique du romancier français, il révèle les limites de l'information de certains écrivains quand ils s'improvisent polémistes et, pire, défenseurs de « leur » pays. Quand un écrivain parle au nom de son pays, de sa patrie, de sa nation, les sottises ne tardent pas à fleurir sur ses lèvres... Claude Simon se sentait offusqué, en tant que Français, de l'attitude de Kenzaburô Ôé, en tant que Japonais, comme si Ôé parlait au nom du Japon. Or justement Ôé, bien au contraire, se désolidarisait de l'histoire politique et surtout militaire de « son » pays. Enfin, son œuvre est suffisamment claire sans qu'on ait besoin de l'expliquer. Mais justement, cette œuvre, Claude Simon ne l'avait pas lue. Le mélange de chauvinisme buté, d'ignorance scientifique, de mépris littéraire avait atteint son comble. Une semaine plus tard, Ôé a répondu avec courtoisie et simplicité, soulignant un certain nombre de faits et de données politiques et scientifiques, balayés par un vieillard sûr de lui-même dans son affligeante ignorance de vieux combattant sénile et oublieux de sa propre œuvre.

Ce n'est évidemment pas au nom d'une patrie quelconque qu'un écrivain doit s'exprimer. Et quand on se sent de tout cœur auprès des militants antinucléaires japonais, ce n'est ni au nom du Japon ni au nom de son pays que l'on prend position. Mais au nom de l'humanité, de la dignité de chaque individu, de son droit à vivre dans la liberté et en jouissant de sa pleine santé, entouré des êtres qu'il a choisis et qui l'ont choisi, et qu'il veut protéger, comme il convient qu'il le soit lui-même par la collectivité.

Hiroaki KOIDÉ, physicien et spécialiste du nucléaire, maître de conférences à l'Institut de recherche sur les réacteurs nucléaires de l'université de Kyoto, lance depuis plus de quarante ans des mises en garde contre les dangers de l'énergie nucléaire. Après l'accident de Fukushima-Daiichi en 2011, son livre en japonais Le Mensonge nucléaire est devenu un best-seller, vendu à plus de 200 000 exemplaires. Il a été appelé pour conseiller le gouvernement japonais et a participé, aux côtés de l'ancien premier ministre Naoto KAN, à un symposium organisé à New York en mars 2013 sur les conséquences médicales et écologiques de l'accident de Fukushima. Il intervient lors de colloques et symposiums internationaux, entre autres : 2011 University of California, Berkeley, USA ; 2012 University of Chicago, USA : *Atomic Age Symposium* ; 2014 *The 4th Citizen-Scientist International Symposium on Radiation Protection, Tokyo.*

Jean-Jacques DELFOUR, philosophe, auteur, chroniqueur, ancien élève de l'Ecole normale supérieure de Saint-Cloud, professeur de philosophie en clases préparatoires aux grandes écoles à Toulouse, enseigne à la faculté de droit de Toulouse. Il a écrit de nombreux articles sur l'histoire de la philosophie et publié plusieurs ouvrages dont *Petit Abécédaire de haines salvatrices (Klincksieck, 2013)* et *La Condition nucléaire, réflexions sur la situation atomique de l'humanité* (Paris, L'échappée, 2014).

Actuellement il prépare une réflexion philosophique concernant le sujet nucléaire.

René de CECCATTY, romancier, dramaturge, auteur de biographies et d'essais, d'adaptations pour le théâtre, également traducteur de l'italien et du japonais, en collaboration avec Ryôji NAKAMURA. Après avoir dirigé plusieurs collections aux éditions Gallimard, il a fondé et dirige aux éditions du Seuil les collections *Solo* et *Réflexion*. Il a participé à la Nouvelle Revue Française, *Du Japon,* n° 599, Mars 2012, pages 118 - 129, avec l'article : *Le Champignon et la bougie, figures du mensonge.*

Taeko TOMIYAMA, peintre japonais (née 1920) dont les œuvres explorent de façon imaginative le monde entier, asiatique autant qu'occidental, dans ses contenus historiques (guerres, colonialisme, catastrophes).

Son art est l'expression de sa vision poétique, de sa mémoire et de sa responsabilité sociale. Il demande au spectateur de se souvenir et de faire le lien à notre propre époque turbulente.

Après la catastrophe de Fukushima en 2011, ce triple désastre du tremblement de terre, tsunami et effondrement de la centrale nucléaire, elle s'est mise immédiatement à créer une série de cinq grands tableaux « Revelations from the sea » comme sa réponse au désastre, et dont le n° 3 et n° 4 ont été choisis pour illustrer le propos de ce livre.

Taeko TOMIYAMA a créé en collaboration avec le musicien-compositeur Yuji TAKAHASHI de puissantes oeuvres audio-visuelles.

(Traduit et adapté d'un article de Rebecca JENNISON, qui enseigne à la Kyoto Seika University)

#3 "FUKUSHIMA: Spring of Caesium-137" ; Huile 1120 x 1620

À première vue, ce qui semble être une peinture d'un thème festif fréquemment observé, le printemps au Japon, vient d'avoir des associations de pressentiment.

Ici les particules radioactives envahissent la scène printanière trompeuse visible à le œil. Le Dieu noir, comme un démon, surfe sur le vent, diffusant des particules de césium-137, ainsi que des fleurs de cerisier saisonnières sur terre et sur mer.

#4 "JAPAN: Nuclear Power Plant" ; Huile 970 x 1455

L'image de ce réacteur en ruines dans ce sombre paysage parle de façon plus saisissante que des mots de cet accident causé par l'homme. Elle parle d'une trop grande foi en la technologie et la soif d'une économie "triomphante". A nouveau l'artiste nous exhorte d'apprendre de nos erreurs passés. Ce message s'adresse à nous tous, étant donné les liens évidents entres les armes nucléaires et l'industrie de l'énergie nucléaire.

Les publications d'AnimaViva multilingüe

Golden Nihon Collection

dirigée par Jacques KERIGUY

IKKYÛ. L'impertinence au service de la foi

Sôshô YAMADA, 2012

livre imprimé ISBN 978-99920-1-966-5 (bilingue français/japonais)

2e Édition

livre imprimé ISBN 978-99920-68-18-2 (bilingue français/japonais)
Epub: ISBN: 978-99920-68-19-9 ; Mobi: ISBN: 978-99920-68-20-5
(En préparation: versions française seule, japonaise seule)

Penser le nucléaire. Autopsie d'une illusion

Hiroaki KOIDÉ, 2015

Postfaces Jean-Jacques DELFOUR/René de CECCATTY
livre imprimé français ISBN 978-99920-68-06-9
Epub: ISBN: 978-99920-68-16-8 ; Mobi: ISBN: 978-99920-68-17-5
(anglais 2015 : *Rethinking nuclear energy, autopsie of an illusion*)

L'Étrange voyage de Confucius au Japon

Olivier ANSART, 2015

livre imprimé français ISBN: 978-99920-68-07-6
Epub: ISBN: 978-99920-68-08-3 ; Mobi: ISBN: 978-99920-68-09-0
(anglais 2015 : *The strange travel of Confucius to Japan*)

MINAKATA Kumagusu, un encyclopédiste entre Orient et Occident

Satoshi OHARA, Jean-Christophe VALMALETTE, 2015

livre imprimé français ISBN 978-99920-68-21-2 (anglais en préparation)
Epub: ISBN: 978-99920-68-22-9: Mobi: ISBN: 978-99920-68-23-6

En préparation :

Gidayû TAKEMOTO. Bunraku, voix de la poupée

Akiko ÔTA, 2016

livre imprimé, e-books (français)

Golden Tagore Collection

publiée sous le Memorandum of Understanding (MoU) entre Visva-Bharati University, Santiniketan (Inde) et AnimaViva multilingüe, Principauté d'Andorra

The Original Gitanjali by Rabindranath Tagore

Rabindranath TAGORE / Udaya Narayan SINGH (narration, analysis, translation), 2014

ePub ISBN 978-99920-68-25-0; mobiKindle ISBN 978-99920-68-04-5
livre imprimé, 2015 ISBN 978-99920-68-05-2
(anglais, espagnol, catalan, français)

En préparation :

Beyond Language: Towards Silence Tagore's Journey into Art & Poetry

Udaya Narayana SINGH, 2015
livre imprimé, e-books, (français, anglais, espagnol, catalan)

Collection Essais

Ecriture et Plasticité de Pensée

Marc-Williams DEBONO, 2013
Préface Michel CAZENAVE
ISBN 978-99920-68-28-1 (mobiKindle) ; ISBN 978-99920-68-19-9 (ePub)
livre imprimé été 2015 (français)

En préparation :

L'essence de l'amour selon Søren KIERKEGAARD

Francesc TORRALBA, 2015
livre imprimé, e-books, (français, anglais, espagnol, catalan)

DALAI LAMA et Carl Friedrich von WEIZSÄCKER

Where Spirituality & Science meet, 2015
livre imprimé, e-books, (français, anglais, tibétain)

Collection Poésie

Eloge de l'impossible

Angel IYÉ, 2015
livre imprimé français ISBN: 978-99920-68-24-3
Epub: ISBN: 978-99920-68-25-0; Mobi: ISBN: 978-99920-68-26-7
livre imprimé catalan ISBN: 978-99920-68-27-4
Epub: ISBN: 978-99920-68-28-1; Mobi: ISBN: 978-99920-68-29-8
livre imprimé bilingue français/catalan ISBN: 978-99920-68-30-4
Epub: ISBN: 978-99920-68-31-1: Mobi: ISBN: 978-99920-68-32-8

Collection Accents
dirigée par Heinz WISMANN

En préparation :

Avant la philosophie
Arnaud VILLANI, 2015
livre imprimé, e-books, (français)

Penser le design
Jean Philippe TESTEFORT, 2015
livre imprimé, e-books, (français)

L'éthique de l'éthique
Heinz WISMANN, 2015
livre imprimé, e-books, (français, anglais, allemand)

Devant la mort
Lise HADDAD, 2015
livre imprimé, e-books, (français)

Golden Gibran Collection

En préparation :

Le Prophète
Kahlil GIBRAN, 2015
livre imprimé, e-books, (français, anglais, espagnol, catalan, arabe)